思维的秘诀

如何规避陷阱，从容掌控生活

〔德〕托尔斯丹·哈维纳 /著　纪永滨 /译

DENK DOCH,
WAS DU WILLST

陕西出版传媒集团
陕西人民出版社

图书在版编目（CIP）数据

思维的秘诀：如何规避陷阱，从容掌控生活 ／（德）哈维纳著；纪永滨译.
—西安：陕西人民出版社，2014
ISBN 978-7-224-11141-5

Ⅰ．①思…　Ⅱ．①哈…　②纪…　Ⅲ．①思维方法－通俗读物
Ⅳ．①B804-49

中国版本图书馆 CIP 数据核字（2014）第 117669 号

Denk doch, was du willst. Die Freiheit der Gedanken
Copyright © 2011 by Thorsten Havener
First published in Germany in 2011 by Rowohlt Verlag GmbH, Reinbek bei Hamburg
Chinese language edition arranged through HERCULES Business & Culture GmbH, Germany.
Simplified Chinese Translation copyright © 2013 by Shaanxi People's Publishing House
All rights reserved
著作权合同登记号：图字 25-2013-254

思维的秘决：如何规避陷阱，从容掌控生活
〔德〕托尔斯丹·哈维纳　著
纪永滨　译

出 品 人：惠西平
总 策 划：宋亚萍
策划编辑：陈　晶　李向晨
责任编辑：张璐路　李向晨
特约编辑：王　丹
封面设计：红杉林文化

出版发行：陕西出版传媒集团　陕西人民出版社
　　　　　（西安市北大街 147 号　邮编：710003）
印　　刷：北京盛兰兄弟印刷装订有限公司
开　　本：710mm×1000mm　1/16
印　　张：13
字　　数：137 千字
版 印 次：2014 年 10 月第 1 版　2014 年 10 月第 1 次印刷
书　　号：ISBN 978-7-224-11141-5
定　　价：32.00 元

Denk Doch,
Was du Willst

目录

多用一点心

作者：恩诺·邦杰

人们打量世界，

彼此观望，

他们鄙视自我，

那是怎样的神情，

怎会如此疲倦，

是什么让他们心伤，

为何神情忧郁又凄凉？

美好思想又在何方，

它给人带来希望，

我们的生活为何凄惶？

难道确实不能，

彼此相爱，

难道只能黯然神伤？

即使春花遍野你的眼中也只有秋天。

你所需要的一切：多用一点心，

多用一点心。

多用那么一点心。

生命本是馈赠，

来吧，享受美好生活，

为何你每天不尝试

新的内容？

可以做回孩童，

跳过阳光下的阴影，

拥抱树木，

跳舞、放声大笑并歌唱吧。

绝不丧失希望，

也不要放弃自我！

不要停止舞蹈，

也不要遮挡天空。

快去实现梦想，

哪怕披荆斩棘，

不畏艰难险阻，

无视惊涛骇浪。

我们只可能需要：多用一点心。

我们可能只需要：多用一点心。

我们所需要的是：多用一点心。

我们也只能需要：多用一点心。

多用那么一点心！

说温和的话，放慢脚步

　　这一回，一切都始于维尔茨堡。一切也都纯属偶然。我完全在不自觉中进入了角色。现在，我正坐在火车上。短暂停留之后，列车继续朝慕尼黑驶去。一天之前，我刚在汉诺威出境。而眼下，我则放松地靠在座椅上，任思想自由飞翔。

　　几个星期以来，我一直尝试着动笔。尽管也意识到时间如白驹过隙，却感觉无从下手。（这里的文字游戏并非有意为之，却恰如其分。本来想有所删改，第二次审读之后又保留了下来。完全出于下意识，因为看上去那么有美感。）万事总是开头难。我总是找不到下笔的感觉——而这感觉恰好又特别重要。每一位作者都担心，读者甫一翻书就将大失所望。所幸的是，列车由汉诺威向慕尼黑飞驰——即将到达维尔茨堡之前——我头脑中终于灵光闪现，总算可以给读者一个交代了。终于！真是决定性的转变啊！真是起死回生！其实，也没那么严重。唤醒灵感的是一首歌曲，它提醒我，此时此刻什么最能拨动我的心弦。这首歌当然不是随便哪一首，它是我最喜欢的歌曲之一，演唱者是杰森·玛耶兹。

　　且不说演唱者,让我先享受这音乐,同时眼望窗外渐渐熟悉的风景。我相信,自己已经熟悉了这里的每一棵树,它们是德国铁路美丽的风景线。我又一次沉迷在自己的思绪中,现在则是回忆去年过生日的场景,37岁生日。说起来并不十分美好:那天,我一大早就心跳过速,不得不就医。才37岁,我觉得这来得有点儿突然。家庭医生给我做了检查,确定我健康状况良好,身体不适源于大脑在思考问题,仅此而已。这种事竟然发生在我身上! 要知道,我自己可是心理学专家,理应知道人们头脑里思考的内容,当然也包括我自己。

　　作家米切尔·恩德曾经说过:路标的作用仅仅是指示道路,它自己却不必跋山涉水。我过去一直认为能把握自己的思想,可以掌控局势,也能很清楚地认识自我。现在却陷入了当事者迷的局面。

　　家庭医生想知道,我这段时间是不是经常在路上奔走。我告诉他,我刚刚外出巡讲,做了许多场报告,好长时间内只是偶尔才得以回家。听了我的回答,医生继续问我晚上睡眠质量如何。我答非所问:"我有三个儿子。每次外出巡讲,都要忙到深夜。"

　　听了我的回答,医生冲我意味深长地笑了笑,然后给我讲了个故事:在一次攀登珠峰的探险过程中,向导夏尔巴人三天之后突然拒绝继续前进。英国雇主对此非常恼怒。因为登山队攀登过程比原计划顺利得多,英国人本想趁热打铁。而夏尔巴人却坚持不再攀登,在原地一动也不动。他们就那样站着,一口回绝,却也不说出任何理由。

　　英国雇主好言好语,费尽了口舌,试图说服向导:"你们是太累了吗?""不是。""那你们是身体不舒服? 背包太重了吗?""没有。""你们难道想要更多的钱？这样好了，如果你们继续走，就会得到奖赏。""不，谢谢。"夏尔巴人干脆坐在那里喝起茶来。最后，他们终于给出了一个拒绝继续攀登的理由："我们用三天的时间走了五天的路程——现在我们觉得累了，必须休息一下，为的是我们的灵魂能跟上我们的身体！"

真是一个聪明人，我指的是我的家庭医生。他当时没有给我开药，却只是讲了这样一个故事，它是我最好的生日礼物之一。这个故事改变了我，使我明白了下面这个道理：即使有了最好的想法，即使经过努力可以获得任何知识，但是如果不努力让这些想法和知识发挥效力，那么一切都等于零。尽管我从事世界上最美好的职业，有支持我、牵挂我的家庭，迄今为止身体健康。现在，我却坐在医生身旁，感觉怅然若失。在我的生命中，有一点非常重要，现在却深深困扰着我：我无法掌控自己的时间。心为形役。我屈服于自己的愿望，不再是一个行动者，而只是一个被私念驱使的人。

还有一次，我问自己，外界的影响怎么会驱使我们违心做事。现在，我确实了解了很多手段，可以用来影响自己和别人的想法。可为什么这一次却失效呢？尽管如此，我还是认为，这些手段能暗中帮助我在紧要关头渡过难关。很长时间里，我都服从时间表，强迫自己去做事，却没有发现，自己正渐渐走入一个怪圈。正是这个问题使我有了写这本书的想法——希望是我三部曲的完美收官之作。本书核心内容：有哪些方法可以影响我们？我们如何影响他人？我们如何不受他人影响？

我现在要做一件自己从未做过的事：透露一个妙招，一个非常好的妙招。一位老师曾经用这个方法使我彻夜不眠。那是 1986 年的夏天。

此前不久，我的兄弟刚刚去世。当时，心情的天空确实乌云密布。也许正是因为当时的心境，与这位老师共同度假才显得异常重要——后来还会有这种感觉——无论对我本人，还是对我以后的人生道路而言。

这段时间，我个人对这种妙招越来越狂热。认识一位这样的老师后，我的喜悦就越发强烈。这位老师精于牌术，他名叫约克·罗特。虽然有二十多年没有再见到他，可是我经常回忆和他相处的那几个星期，也会回忆那次特殊的经历。

他用某种方法完全欺骗了我的眼睛，我想带您了解一下。也许您也有兴趣掌握这种方法，用来使某人目瞪口呆，就像当年我在他面前一样。

现在，我开始介绍这种奇妙的牌术：那是一个美好的夏日清晨，天气晴朗，地点是搭好帐篷的营地。用过早餐，我们坐在树下玩牌。突然，约克对我说："现在，你从牌里抽一张出来，然后仔细看看。"我抽了一张红桃 7，然后面对着眼前的一副牌，随意在某处将牌抬起，把抽到的红桃 7 放在抬起部分的最上面，然后把另外一部分牌盖在红桃 7 之上。现在，我可以洗牌。完成这一切之后，牌术大师约克严肃地看着我，他说："我不知道你刚刚选了哪张牌。我也不知道，现在这张牌在什么地方。找到它确实不容易，不是吗？所以，我可以尝试三次，你同意吗？"——"当然。"我回答说。

他把牌拢到一起，举起来给我看最下面的一张。不是我刚刚抽到的红桃 7。他把最下面一张抽出来，背面朝上放到地面上。"好吧，现在我还有两次机会。"他看了看手里的牌。之后的两次尝试又失败了。现在，我眼前的地面上叠放着三张纸牌。红桃 7 应该不在里面。

　　他又先后给我看了看这三张牌，然后在地上依次排开，要我从里面任意选一张，然后小心翼翼地把它推向其他两张。做完这一切，他认真地看着我说，我最后拿到的就是红桃 7。天哪！我按照他的要求翻开眼前的纸牌，眼前不由一阵恍惚，真是难以置信：它正是我最初抽的红桃 7！

　　哇，真了不起！我之前几乎没有这样轻易被骗过。他是怎么做到的呢？几个月之后，他向我揭了秘。这其实是一个心理影响的典型范例。您只需要一副牌和一名观众，观众需要始终来配合您的表演。因为唱独角戏其实很不容易。

　　表演之前，就这么把牌放到那里。如果愿意的话，也可以洗洗牌。把纸牌拿到身前，背面朝上摊开，然后请对面的观众选出一张。请注意，观众要知道自己选了哪张纸牌。不要小看这个建议。如果观众到最后忘记自己选了哪一张，那表演者可真失算。这是经验之谈。如果表演者忙了半天，到了表演最精彩的时候问："您选的是哪一张？"回答却是："呃……啊……？"

　　观众正看着手里选的那张牌，您把剩下的牌背面朝上，放到左手里。待对方看好手里的那张，您就从左手中拿起大约一半纸牌，然后用拇指和中指、无名指拿住两头，将它们展示给观众。现在是第一个小花招：稍稍偏转右手手腕，用右手食指指向左手中的纸牌，然后向观众请求："请把你手里的牌放回我的左手。"说话和做动作的同时，要看着自己右手里的纸牌。您看到了右手里的最下面一张，它就在您的眼里。没有人会注意到，您这时正看着它。

　　现在，观众已经把他的牌放到了您的左手，请您也把右手里的牌再放回左手。做好这一切，您已经占了很大的先机，因为您清楚观众所选纸牌的上面是哪一张，人们把它叫作导引牌。本来使用导引牌是很巧妙的一种方法，可惜现在已经不是秘密了。所以，您现在应该使用一种更巧妙的方法：您把纸牌交到观众手中，请他洗牌。这可不是开玩笑，请保持镇静。您要确保一个事实，即观众洗牌达不到美国扑克大师的水平，而只大概相当于巴伐利亚中等玩家的水准。为了实现您的意图，您可以先演示一下洗牌动作，然后请观众照做。如果您担心这样做达不到预期的效果，可以自己洗牌。洗牌的时候，导引牌和选出的牌不大可能分开。即使有被分开的危险，也只会让游戏更紧张刺激，不是吗？

现在，请您再把牌拿到眼前，仔细地看一看。然后把牌摊开，找到那张导引牌。它的下面就是观众选出的那张。确定后暂时先不要动，而是随便抽出一张放到最下面，然后展示给观众。观众当然会说，这不是他之前抽的那一张。现在，您把牌面向下翻转——背面朝上——抽出最下面一张，然后把它放到桌面上。

现在，您再把纸牌在眼前摊开，专门去找那张观众选出的纸牌，没错，它就在导引牌的下面。找到以后，把另外一张放到它上面，然后拿起所有纸牌。请注意，下数第二个应该是观众选的那张。现在，请您把纸牌交到左手，正面展示给观众并问他，最上面是不是他选的那一张。回答当然是否定的。紧挨着的那张才是。现在，左手持牌，与桌面平行，注意要同时做两个动作：首先，右手要靠近左手；同时，左手的中指与无名指将最下面的纸牌向后拉几毫米。这个拉扯的动作很小，从上面看应该无法识别。现在，您的右手已经接近左手的纸牌，然后抽出倒数第二张，而不是倒数第一张。抽出以后，请把它背面朝上放到先前抽出的那张上面。

现在，您当着观众的面抽出了他那张纸牌，然后反扣着放到了桌上。而观众对此却一无所知。纸牌术语中，这一招叫作拖牌。妙就妙在：观众还以为您找不到他抽的那一张。可是，您既已经知道是哪一张，也已经知道它的位置——更奇妙的是，您甚至在观众的注视中把这张牌放到了桌上。做这一切的同时，您看起来是那么无辜——我喜欢这样的时刻。最后，您再抽取任意一张，然后把它放在先前两张的上面。至于其他的纸牌，现在可以放到一边了。

我们再一起来总结一下：桌上叠放着三张纸牌，都是背面朝上。中间那张是观众选的那一张，而他自己却一无所知。您是一位精明的表演者，而观众则懵然无知。

现在要施展障眼法了，我当时在营地就是被这一招给骗倒了：您现在用左手拿起桌上的三张牌，注意须背面朝上。拇指与其他手指分开拿牌。现在，请把最下面一张展示给观众——强调这不是他选的那张，无论如何都要强调这一点——然后把这张牌背面朝上放回桌面。

请注意：刚刚那一步还是要施展拖牌术。也就是说，放到桌上的并不是实际展示的，而是观众之前抽到的那一张。现在，手里还剩有两张牌，一张在左手，一张在右手。接下来，您向观众快速展示这两张纸牌。做这一切的时候，您要表现得很自然："这张不是，这张也不是，对吗？"同时不要看牌，而是看着观众的眼睛。请相信我：如果您做得熟练，而且面部表情又很自然，就不会有人发现，您实际上两次展示的是同一张纸牌。另外，要尽量挑选有数字的纸牌。有画面的和老 A 容易引人注目。最好选取 6、4 或者 8。

现在，桌上有三张牌并排摆放。中间的那张是观众之前选过的。观众心里会以为您失去了对局面的控制，却对实际正在发生什么一片茫然。现在是下一个小花招：您应该让观众有自由选择的感觉。实际情况是您可以随意应对观众做出的任何选择。下面，我告诉您其中的诀窍。

接下来，请观众在桌上选取两张，然后用手指出来。现在有两种可能性：观众指的是旁边的两张。没错！如果是这样，就把这两张放到一边。中间的那张（正是观众之前抽选的）留在桌上。如果他先指了旁边的一张，然后又指向中间，那也没有关系。请先把第三张拿掉，然后请观众把两张中的一张推过来。如果推过来的是他之前选好的，就把另外一张拿开；如果不是他之前选好的那张，请镇静地拿起来并放在一边。

您现在发现事物的奥秘了吗？没错：无论观众怎么做，您都必须按部就班，仿佛一切都是计划的一部分。一直这样做下去，直到最后完成表演。这一过程中，您应该保持放松、手法敏捷。牌术手法倒是并无复杂之处，可是只有经过不断练习，直到烂熟于心，才能不被人看穿。当然，如果别人要求您自己挑选两张，您完全可以自行指向旁边两张，这样就可以提高成功率。

无论如何：上述程序之后，桌上只留下了一张牌，也就是观众最初抽选的那一张。请观众深深地注视您的眼睛，同时脑中想着这张牌。您同时也专注地看着他，然后揭开谜底，也要对对方说：我已经告诉过您，要一直记着您的那张牌，对不对？故作惊讶地看一眼桌上那张纸牌，然后请对方翻开它……准备好一杯水吧——或者一杯白兰地——您的观众现在需要它。

也许您现在会问，为什么我在前言里面就讲解这个纸牌魔术：很简单——愿意花时间阅读前言的读者属于少数，我想奖励他们。实际上，前言中藏着许多有价值的内容。另外，前言里暗藏明珠，这个想法来自英国的牌术大师盖伊·霍林沃思。他著有《Drawing Room Deception》一书，前言中就做了这样的处理。我觉得这种做法简直棒极了。有的读者想跳过前言。为了让这些不够勤奋的人在匆忙一瞥的瞬间看到前言里的内容——这样做对踏实阅读者似乎不公平——我在下面引用了一段文字，一字也不差地摘自《维基百科》，内容也许很无聊，就如同前言的感觉。如果您属于踏实阅读的人，完全可以在这里就停下脚步，直接去阅读第一章。衷心感谢！真的，接下来没什么实际内容。这并非又是什么花招。我敢保证。

"根据传统分析，如果表演仅有一次机会，最看重自己利益的表演者也应该在最后揭示牌术的秘密。表演者的决定并不能影响观众的行为。如果能主导表演场面，表演就会越来越精彩。这种传统分析自有其条件，即表演者与观众仅有一次谋面的机会，对以后的互动没有任何影响。牌术泄密会令人尴尬，所以，本书分析并不起任何行为指导的作用。"

我建议您把这本书作为日常消遣，借以摆脱日常生活的烦恼。捧着这本书，您就进入了自己的世界——最主要的一点：您要准备好足够的时间！

家门口的推销

早在 18 岁的时候，我就独自住在一套公寓房里。有一天，门铃响了，一位 25 岁左右的年轻男子站在门口。他问我是否可以回答几个问题，时间不会很长。我一答应，他就不厌其烦地给我讲了一堆事情，最后问我说："如果一个曾经的罪犯确实改过自新了，您愿意帮助他吗？"我回答说："当然愿意！"——他接着问我是否对东德人有什么偏见——我脱口回答说："怎么会呢？所有的人都是平等的。"他还想知道我对时事是否感兴趣。"当然，我毕竟是个头脑开明的人。""那您是否也对各种报道感兴趣呢？""那还用说，人总是要不断学习的嘛。"

到现在为止，他一共设了四个圈套，而且激起了我的好奇心。我完全被他绕了进去，对他最后要说的话完全没有任何准备。"我来自东部新的联邦州，曾经是一名罪犯。现在我服刑期满，而且对自己的过去非常后悔。"他还说，他想通过自己的努力摆脱困境，希望能够重新做人。他信誓旦旦地说，我一定能够帮到他。他说自己正从事推销画报业务，既然我明显对时事感兴趣，而且这么乐于助人，肯定会毫不犹豫地帮助他，愿意通过他预订一份画报。我中了圈套，一转眼就订了《明星》《倾听》和《明镜》三份杂志。能够帮到别人，当天心情很不错。过了一天，我才意识到，自己上了别人的当。这狗屎很可能不是什么东部佬，至于他是否曾经是罪犯，是否曾经被判刑，我更是永远都无从得知。一方面，我觉得自己被人利用了；另一方面，我很奇怪自己怎么就会上当受骗。时至今日，我自己却也靠这个来影响别人的心理，靠这个来养家糊口。不同的是，我的观众们总是心情大好，也很清楚自己身上到底发生了什么。

其实，我当时的行为根本就是受了一系列心理暗示的影响，从外部来看，表现为一连串的请求。我当时心理上受到了影响，或者说思想被人操纵。诡异之处在于：我当时根本不知道正在发生什么事情。这正是一般心理影响技巧的特征之一。关键之处不仅在于影响到别人，还要让当事人毫无觉察地去做点什么。这正是该方法的可怕之处。我几乎毕生都在研究心理影响方法，可是，当时却掉进了陷阱。好吧，我那时还年轻，而那个家伙也正需要些钱。

当时具体发生了些什么？那个家伙是如何得逞的？今天的心理影响大师通过什么来达到他们的目的？有什么方法能使得别人按照你的意愿来行事？我当年觉得这些问题非常吸引人，19 岁的我甚至约了同学们一起去喝咖啡，打算现场观察生活当中的心理影响经典场面。我们自称为"九人俱乐部"，为的是能够低调地在那里坐到最后。那次真是人生中一大经历，今天我仍然津津乐道。我的结论就是：我们每个人都在不断受到各种不利的影响。至于通过什么手段受到影响，特别在哪些方面容易受到影响——这正是本书要研究的内容。

对我们中的大多数来说，心理影响听起来有些令人不安，因为它来得悄无声息，好似一种让人感觉不舒服的光线。即便人们知道了它的存在，也大致清楚它的内容——却仍是难以抗拒。有一点可以肯定：心理影响其实一直属于心理暗示。据我看来，心理暗示是一种无比强大、中性的力量。它谈不上好还是不好。结果如何，完全取决于掌握它的人，取决于这个人如何来运用它。如果选择了心理暗示阴暗的一面，心理影响者就会完全考虑自己的利益，而不会顾及心理暗示对其他人的意义。如果不是这样，心理影响者就会用纸牌的正面来表演了，对不对？可是他当然不会这么做。他都是在暗中运用心理影响的方法，就像魔术师一样。当然，魔术师会马上告诉观众，这里或那里有一个小秘密。

可是，当年的上门推销者到底使用了哪些方法呢？您可以在本书中找到答案。而且，您会在阅读本书的过程中了解许多心理暗示及心理影响的方法，我会从不同的角度来分析它们。约翰·沃尔夫冈·冯·歌德曾经说过："第一个纽扣没有扣好，后面的也都会有问题。"现在，让我们开始从头阅读吧。

情感协调，世界上最美好的纽带

也许，您正在翻读这本书。想了解些关于情感协调的内容吗？所以，我选了"情感协调，世界上最美好的纽带"做本章的标题——原因很简单，因为这个标题能够完全体现我的写作意图。我可以通过"书籍"这种媒介与您沟通。无论您在何方，我都能与您完美对接。而且——无论您在想什么，不管您是年轻还是年老，也无所谓您的性别、身高——有一件事毫无疑问：您正在翻开并阅读这本书。也就是说，我的第一个尝试获得了成功。亨利·福特曾经说过："如果想成功，您就必须接受别人的立场，并用别人的视角来看问题。"现在，我可以开始带您一起踏上思想的旅程。

有一个故事非常动人，它告诉我们，换位思考有多么重要，故事采用了一个失败的例子来说明这一点。这则故事来自大学里的一场报告，可以通过它来说明文化间的巨大差异。

故事的内容是这样的：20 世纪 80 年代，世界卫生组织在巴基斯坦展开了一场大型宣传活动，为的是说服新生儿的母亲们给婴儿喝牛奶。

因为这个国家有许多语言和方言，所以活动负责方决定用三幅图画来表现活动主题。从左边看起，第一幅图画上面是一个正在啼哭的婴儿；中间图上的婴儿正在喝瓶里的牛奶；最右边图上的婴儿吃得饱饱的，看上去身康体健，面对前方幸福地笑着。可事实上，这样宣传很愚蠢。在巴基斯坦，人们从右向左阅读，活动主办方疏忽了这一点。一位巴基斯坦的母亲所看的，正好和欧洲人眼中看到的相反。对于巴基斯坦的母亲来说，宣传内容为：你的孩子健康吗？想让他生病吗？那么，给他喝牛奶吧。世界正如你我想象。这一事实，其他书中已经早有阐释。这里只不过再次重复而已。

　　许多事实表明：人们应该透过其他人的眼睛观察世界，这是一条必须坚持的原则。如果每次都想成功地与他人接触并联系，这条原则必不可少。它有个名字叫作：情感协调（Rapport）。在本文中，这个词与任何一个军事报道或普通报道都没有关系。它在这里是另外一个意思，也就是它的本意。它最初来自法语，意思是"关系"或"联系"。但它并非指两性关系，而是完全一般意义上的关系。也就是说：您必须与对方建立一定的联系，才能肯定对方愿意倾听。幸运的是，通常很容易就能做到这一点。一旦与一个人开始交谈并把自己放在同等位置上，您就会马上在下意识中做到这一点。

　　让我们假设，您与一个人打交道，对其马上产生了好感。而这个人谈吐不俗，令人印象深刻。无论您信还是不信，不要很长时间，您就会接近这个人的表达方式。还有另外一种可能：如果对方嘴里一直不干不净，您也会相应的降低自己的语言水平。可是，如果对方也在努力适应您的表达风格，双方的语言水平就会在某个时刻实现平等对接。最理想的情况就是，双方都能有和谐的感觉。否则，彼此就有一场小小的明争暗斗。

有那么几次，我要么装一只顶灯，要么用一箱瑞典的家具组件组装一只柜子。当时，孩子们在旁边围观。没想到，他们竟然就学会了说脏话，我对此丝毫不感到惊奇。2002年，位于奥斯汀的得克萨斯大学进行大型调查，对这种语言习得现象进行了研究，主持研究的是凯特·尼德霍福教授与詹姆士·派尼贝克教授。他们将该研究命名为"Linguistic Style Matching"或"LSM"，也就是"语言风格的匹配"。这两位教授甚至还声称："如果两个人开始谈话，不要几秒钟的时间，他们的语言风格就会完全相同。"整个调查活动借助学生做了详尽的实验，最后才得出上述结论。如果调查问卷中的问题提得很正式，学生们也会给出正式的回答；如果问题很口语化，回答的方式也就会很轻松。有趣的是，评分特别高的问卷彼此特别相配，它们一部分来自女性，另一部分来自社会经济地位较高的大学生们。研究者们还研究了名人的书信往来，如西格蒙德·弗洛伊德与卡尔·古斯塔夫·荣格。研究结果是：通信双方关系最好的时候，语言风格也在最大限度上彼此相像。另外，如果您看了场电影，您的语言水平也会接近电影中的主角。正如看了我的这本书，您的语言水平也会接近我的写作风格——别担心，我的写作风格还不错。

调查活动以一个非常有实用性的结论收尾：双方之间的谈话气氛越和谐，他们就越开心。这一结论甚至可以作为婚姻质量的指示器。请注意：这里指的不是谈话内容（言语），而是谈话水平。您肯定已经发现：在情感协调这一领域，实际蕴藏着许多力量，而这些力量又在人们不自觉中发挥着作用！

如果您想主动地掌控自己的语言水平，那么请思考，您的谈话伙伴最喜欢什么样的谈话方式。您要做到灵活应变、顺势而为。这当然并不意味着放弃自我、任人摆布。恰恰相反，您只不过投其所好而已。请您想想：在整个交流过程中，我们其实只是把部分时间用于谈话内容。手势、面部表情和言外之意等，它们远远比内容更重要，它们决定了我们言语的意义和效果。除了谈话内容，还有很多其他因素也在起作用：语速、声音强度、语调、停顿，还有叹气、大笑等。此外，非言语表达手段不仅是身体语言，而且大部分属于下意识的行为。在我们谈话的同时，无意识中表达出了身体语言，它在很大程度上提升了我们的谈话内容。

晚上好——我通常用这句话来问候听众。必须承认，这种问候方式确实没什么特殊之处，可是到目前为止，这种开场白并没有不愉快的经历。因为就纯言语内容来讲，"晚上好"这句话并不起决定作用。起决定作用的是我说话时候的举止，听众们完全可以理解。我说问候语的时候心情愉悦，是因为终于开始了而感到高兴吗？我肩膀低垂，还是坐姿笔挺？这些因素都会影响我的讲话效果。保罗·瓦茨拉维克说得很正确："不交际，完全行不通。"

交际过程中，每一个举动或每一个放弃都具有信息色彩。保罗·瓦茨拉维克一方面称之为内容，另一方面称之为关系。我们再听听这位大师的原话吧："如果研究每一句言语，就会发现，它的内容首先作为信息而存在……同时，每一句言语都包含了另外一含义，也许没那么引人注目，但却同样重要。这层含义提示人们，信息的发出者希望接收者如何理解这层信息。这层含义定义了信息发出者及接收者之间的关系，就这点而言，如何定义完全属于个人观点。所以，无论哪一种交际行为，我们都能找到内容及关系两个层面。"

因此，就情感协调而言，您正在两个层面进行交际；您的谈话伙伴不仅听到言语，也可以理解言语中的含义。双方的距离自然被拉近。您的谈话伙伴会更容易接受谈话内容，因为他不必马上把听到的内容"翻译"到自己的世界。还有另外一个好处，谈话伙伴会对您产生好感。至于这个还有多重要，下文中仍有交代。

如果想实现"情感协调"，建议大家仔细观察别人的举动，并使自己的行为与别人的保持一致。下列指标可供您参考：

◆ 身体姿态与手势。

◆ 说话的音高与语速。

◆ 气息。

◆ 言外之意（非言语信息）。

毫无疑问，如果要实现各个层面的顺畅交际，上述几个指标都非常重要。可以有目的地使用这几个指标，以使交际效果最大化。

现在，我们来具体谈谈，如何面对谈话伙伴实现"情感协调"。让我们先从身体姿态与手势说起吧。说来很简单：就是模仿谈话伙伴的动作。请仔细观察对方的身体姿态，他的手臂如何摆放，他的手正在做什么，他低头的动作等。从这一刻起，您也做完全相同的动作。如果对方晃动手臂，那您也依样行事，而且以同样的速度。另外，还要分两种情况。

到底是哪一种情况，取决于谈话伙伴的位置，他坐在您身边，还是对面。假设您在他对面，如果他活动左臂，那么请活动您的右臂。此时此刻，您就如同他的镜像一般。因此，人们也把这种模仿叫作"视镜"；如果您坐在谈话伙伴的旁边，他活动他的左臂，那么您也活动您的左臂。两种位置关系时有变化，我们称之为模仿或匹配。当然，如果您模仿得太过明显，谈话伙伴就会大惑不解，他会以为您哪里不正常呢。所以，要小心行事！

有一点必须指出：如果人们志趣相投，那他们会彼此模仿。想想刚开始恋爱的情人吧。他们步速基本一致，经常保持相同的身体姿态；彼此交谈的时候，声音高低也非常接近。尽管如此，如果想通过模仿动作实现"情感协调"，还须小心行事。虽然您已经了解了相关技巧，但是您当然可以想象，如果确实希望借助这一方法影响其他人，实在还需要更细腻的感觉。

请您想象一下，您发现一位售货员开始模仿您的动作。您交叉双臂，他突然也做相同的动作。您将重心由一条腿换到另外一条，他也照做不误。假如您看破了这一点，知道他试图通过模仿来施加影响，那么这个方法当然不再灵验，也就是说完全失效。您心里会想："等一下，他在模仿我吗？他这么做，是想影响我的决定吗？"一旦有了这种想法，您的信任感就会动摇，售货员也就不会再有任何机会推销，因为您已经有了不相信他的理由。而您通常会相信自己的感觉！

　　所以，坚持自己的想法，缓步向前吧。通过模仿动作来影响别人虽然很有效，但在影响别人的方法中，它也是非常容易被对方察觉的一种。如果运用不当，只能适得其反。它应该是很自然的东西，顺其自然，就会有最好的效果。

　　您应该观察过，一位成年人如何跟小孩子交谈。即使大学教授也会主动降低自己的语言水平，模仿小孩子的方式来说话，并模仿小孩子的动作。如果能模仿到打闹、撒娇的样子，就更能有效地和小孩子交流，这样说当然有点儿夸张了。

　　在模仿别人身体姿态的时候，最好先从小处入手，然后循序渐进，直至完美。最开始的时候，您只可以使用与对方类似的手势，还不可以马上完全模仿。至于这种类似的手势，专业术语中称之为"代表性手势"。让我们假设一下，如果对方交叉手臂，那么您就把右手放在左臂上。也就是说，您跟着对方做了一个类似的动作，但是又不那么显眼。效果不错，因为您的模仿并没有被对方直接觉察到。

　　另一种情况称之为"交叉模仿"。在这种情况下，您不是同步模仿对方的动作，而是等大概半分钟，然后再进行模仿。对方对此毫无觉察，会在不自觉的情况下对您产生好感。

　　在整个过程中，还有一个能产生微妙效果的细节，即对方动作的速度。您的速度也可以参考对方。这一切在握手之前就宣告开始。如果一个人动作缓慢，那么您伸手的时间要稍微滞后一点儿，起码不能快于世界拳击冠军。慢慢伸出手，这样做特别有一个好处：您可以仔细观察对方。可以把全部注意力都放在对方身上。单凭您的关注，对方就会感觉很舒服，他会觉得您对他及他的言论感兴趣。通过这一点，您不仅可以拉近与对方的距离，还可以锻炼自己的观察力。随着时间的推移，您会做得越来越自如，会在谈话伙伴身上有越来越多的发现，会越来越缩小与对方的距离。利用这种方式，您可以为自己争取最大利益——也许也为对方——利用每次交谈的机会。

在这里，我还必须提到模仿动作时的一个特殊情况：假设您注意到对方表现出抗拒，交叉双臂或双腿。这个时候，您还要继续模仿吗？答案各不相同。一些人说，应该继续模仿；而另外一些人说，在这种情况下，还是应该摆出开诚布公的身体姿态。凡事都一样，这里没有完全的对或错。问题就出在这里。如果空气中确实能感觉到火药的味道，那么，您一个抗拒性的身体姿态就让对方觉得，您会继续固执己见，而对方也会加强对抗的姿态。与其如此，您还不如采用另外一种开诚布公的姿态，同时注意控制其他交际因素，如语速等。如果您只感觉到唯一一种身体信号——如对方只是在胸前交叉双臂——那么您就淡然处之吧。有一点您应该始终保持清醒：也许这个姿势并无敌意，对方只是觉得这样舒服而已——也有可能对方感觉冷。

作为身体语言艺术家，模仿已经成为我的日常习惯。每次把观众请到台上，我都替他设身处地。单纯就精神层面而言，我几乎已经与他合二为一。这种感觉真的难以言表，它是一种归属感，对谈话双方都有好处。即便只有我自己知道正在发生什么，通过我制造的内心共鸣，台上的观众也会马上不自觉地有舒适感。仅仅通过这个方法，我就可以很好地进入对方的内心世界，从而知道对方在感觉什么、在想什么、将会有什么样的表现。

我慢慢地使自己的呼吸节奏与身体姿态向观众看齐，我想象着，我就是身在舞台的这名观众，我尝试透过他的眼睛来看自己。在那片刻时间里，我化身为对面的观众。我想象着，他感觉到什么、在思考什么。有时候，我也告诉对方，我此刻正在想什么。结果确实非常"神奇"。这种方法以"万物归宗"的原则为基础。如果您尝试完成这一过程，就会清楚地感觉到，我所说的到底意味着什么。我所模仿的不仅是对方的身体语言，而且还感觉着对方的精神世界。对于所有参与者来说，这种结果都好像拥有神奇的魔力。

同步与引领

在与谈话伙伴交际的过程中，无论什么时候，只要您感觉到与对方有了默契，就可以向前再进一步。与单纯的模仿不同，神奇之处在于：从单纯的模仿过渡到引领对方。具体解释如下：您要观察，对方从什么时候开始不自觉地模仿您的手势和速度。从他模仿您的那一刻开始，您就已经超越了他，可以引领他的任何行为。如果您能够正确观察对方，甚至可以理解对方的语言习惯与行为方式，就实现了所谓的"同步"，意思为"以相同节奏同时向前"。如果我想跳上一列行驶中的火车，就必须首先达到火车行驶的速度。顺便说一下，人们在德语中也使用"Pacen"（同步）这个来自英语的词汇，这个概念已经逐渐被人们接受。

现在，您已经超越了谈话伙伴，对方与您在一起感觉更舒服，对您有特别熟悉的感觉。那么，下一步该如何继续呢？接下来进入"引领"阶段，也就是所谓的"Führen"。您可以随心所欲地引导对方转到任意一个谈话方向。我们都熟悉这样一种情况：有的人特别有快乐感染力。他只要在场，就能使人有好心情。这样的乐天派都是不自觉地影响着别人，可他们往往会赢得好感。

该如何运用影响他人的策略呢？下面有个例子：假设您有位熟人，他不善于此道。他情绪低迷，实际上也没有什么真正让人沮丧的原因。要么是雨天，要么不是心仪的球队赢了比赛，或者他的女儿前一天带了个 16 岁的家伙回家，那家伙还穿着灯芯绒的裤子、打着领结。总之，您可以用上文描述过的步骤来"协调情感"，争取做到与对方"同步"。

我自己也不大喜欢这些英语专业词汇，可是您总归知道，我到底在讲些什么。如果您确定，"情感协调"已经成功实现，那么，您可以主动改变身体姿态，同时观察对方是否跟随您的举动。如果对方确实在模仿您，那么请您采取一个开放的、积极的身体姿态。您可以大笑、挺直脊背，或目光直视前方——千万不要目光低垂。请您再三确认，对方是否一直在模仿您。一旦您在什么时候失去了对场面的控制，就一定要回到原点，再次建立"情感协调"。有句话说得好：进两步，就须退一步。

只有专心致志，才能发挥能力，基于这一点，可以通过身体姿态看出一个人的情绪状况。如果一个人的身体姿态告诉我们：我现在很好。我们就很难认为他现在心情沮丧。

原因何在？这一点我已经在拙著《我知你心所想》中描述过。只是有个例外：如果某人确实因为某事而伤心。我们每个人都有权利为了某事而落落寡欢，也有权利为自己辩护。您要知道：如果身处困境，再华丽的辞藻也毫无用处。如果情绪低迷，我们需要足够的时间和精力，一定要找到情绪低迷的原因。如果别人不尊重我们，我们当然有理由不开心。如果您的朋友只是稍有不开心，"情感协调"这个方法应该比较奏效。

迄今为止，在"同步与引领"这一章节，我们的注意力只限制在"身体姿态"上面。当然，还有很多方面值得我们去注意。"同步"与"引领"可以转化为许多影响别人的方法，并加以适当运用。如果您的身份是家长，您的孩子又提了非常无聊的建议，您完全可以利用这个方法给出满意的回答。在许多人家里，父亲和5岁的儿子之间每天都有讨论内容，非常典型。时间是周一晚上，6点半，一家人在吃饭。儿子说："爸爸，吃完饭，我可以看《冰河时代》吗？"父亲说（错误的回答）："你疯了吧，看看几点钟了。明天我们都要早起外出呢。《冰河时代》要播一个半小时，你自己也知道，如果睡不好，明天会怎么样。告诉你吧：不可以看！"

亲爱的读者们，实际上，如果换作是我碰到孩子提出这样的要求，我有时候也忍不住会这样回答。可是，如果从回答的效果来看，我强烈建议您不要这样做。千万别朝那个方向发展您的思想，否则会做无用功。首先，这样的回答听起来无比生硬，可能不大合适；其次，您不给双方任何讨价还价的余地；最后，如果您的孩子在晚上提这个问题，他自己肯定、必定也一定不会知道，如果睡眠不充足，第二天到底会怎么样。孩子们的生活中有这样一条准则：现在家长说了算。这就足够了。

如果小孩子们说话的时候精力充沛、心情大好，他们就完全无法想象，晚睡怎么会导致第二天精神恍惚呢。即使出现这样的担心，也很快被他们自动屏蔽。听到家长的发号施令，无论是爸爸妈妈，还是爷爷奶奶，小孩子都会自动忽略命令中不悦耳的内容。完全可以理解。现在，我们来看另外一种回答，它很有建设性，会给问答双方带来更愉快的感觉。

现在，父亲给出了正确的回答："嗯，你现在还想看会儿电视。这个主意不坏，你今天表现也不错（这句话总是有效的，即使小家伙们用印章把新装的壁纸搞得一塌糊涂）。其实我倒是觉得，你还可以看看《沙人》。"

通常情况下，这样回答效果会好很多。原因在于，孩子不会有撞得头破血流的感觉。孩子不会感觉到什么压力，也就不会有对抗压力的防范心理。事实是，这个过程中采用了"同步"与"引领"原则，所以给人以如沐春风的感觉。在第二种回答中，理解看电视这个意图就是所谓的"同步"；然后，我就跟上了小男子汉的步伐，将他的想法与我的意图衔接起来。事实上，我们不仅要通过身体姿态、语速、声音强度、表达方式及呼吸频率来"协调情感"；我们还要在交际内容上与对方保持一致——我们理解并加工对方的想法，然后把它作为我们建议的出发点。

下意识中举起手臂

您需要一位搭档，要他站在您面前。

◆ 请搭档闭上双眼，进行几次深呼吸。一旦感觉他明显放松，就请继续下面的步骤。

◆ 轻拍双手——双手按顺时针方向画圆，绕经搭档的脸部、脖颈、肩膀及前胸，这个过程中击掌 7 次。之后，抓住搭档的两个手腕，从身体两侧按 45 度角轻轻移向两肩。移到两肩之后，稍停片刻，然后再将两只手腕放回原处。

◆ 请您将这个动作重复 3 次。每次内容都基本相同：整个过程中击掌 3 次，同时将搭档的手臂缓缓上举，至肩膀处稍停，然后再放下。

◆ 现在准备做第四次，仍旧拍打双手，可是不再举起搭档的双臂。尽管您没有接触搭档的身体，可他会不由自主地举起双手。

◆ 就"同步"与"引领"而言，这是一个非常好的练习。这个练习告诉您，一个人会对您的暗示做出多么强烈的反应。这个练习很适合催眠术。

行走于不同世界

本章一开始的时候，就已经引用了保罗·瓦茨拉维克的话。首先，从语言研究者身上引经据典，总归是聪明的做法；其次，通过引用保罗·瓦茨拉维克，我们能够了解交际过程的两个重要层面，即内容层面与关系层面。至于这种了解对我来说有多么重要，实在难以言表。在过去的时间里，这种重要性已经一再表现出来。早在几年前，我的教练兼朋友米歇尔·罗西就对我建议说，我应该研究关于交际的内容。我当时少不更事，兀自想："真有意思。我已经都知道了。他还想让我干什么？"我不得不承认，我当时的生活中就有这么几个人，每次无论他们发表些什么言论，几乎都有道理。而米歇尔·罗西就是其中一位。出于这一原因，尽管我表面上无动于衷，可是一旦埋头书堆，却简直有发现宝藏的感觉！至于我现在要给您讲述的内容，已经无数次出现在电视节目及采访内容里面，它是我研究的基础内容。扪心自问，就阐明这方面的内容而言，我肯定比不过保罗·瓦茨拉维克。所以，我打算在这里继续引用他举过的一个著名事例：

不得其门而出——摘自保罗·瓦茨拉维克

一名男子被关在一个房间里。有两扇门通向外面的世界，它们都关着，其中只有一扇真正闭锁。每扇门前都有一名守卫。其中一名守卫一直在讲真话，而另外一名却一直在说谎。被关在房间里的男子知道这一点。可他并不知道，两名守卫当中，到底谁讲真话，到底谁在说谎（都是因为没有看这本书啊）。房中人只可以向其中一位守卫提一个问题，看看能不能通过提问找出通向自由的大门。

故事的结局如何？真让人目瞪口呆：房中人指着其中一扇门问一位守卫："如果我问您的同事，这扇门是否通向自由，

他会怎么回答呢？"这样问真了不起，不是吗？如果被问者说
"不"，这扇门并没有闭锁；如果被问者说"是"，那么这扇门
实际上处于闭锁状态。

这个例子的奇妙之处在于，房中人考虑到了内容层面（门处于开放
还是闭锁状态？）及关系层面（说谎者与说真话者之间的关系），并最
终通过它们找到了答案。实际上，他通过一个信息获取了另外一个信息，
以曲线救国的方式找到了问题的答案。

无论您是否相信，实际生活中经常无出其右。请您想象，一名男子
买了一辆跑车。一位同事和他攀谈，问道："这部车多少钱？"这个问
题不仅关系到价格，即信息层面，毫无例外，还关系到谈话双方的关系。
身体语言、面部表情及言外之意都始终表现着提问者的态度，毫无疑问。
到底是惊讶、喜悦、嫉妒，还是漠不关心？问题中有所强调吗？他提问
的时候，面部表情如何？他的身体告诉我们什么？对于这样一个问题，
被问者不可能不有所回应。即使被问者忽略这个问题，也可以算作是一
种态度。

在这里，不能不提到的是，人们几乎从来都不是有意识地利用关系
层面——与内容层面恰恰相反。我们通常只是无意识地进入到关系层
面。在少数情况下，我们会有意识地考虑到关系层面，但是却往往以令
人沮丧的结局告终。如果一个不精于处理表达内容的人来读课文，效果
或许会不尽如人意。所以，我们又要回到"情感协调"这个话题：如果
强调有误，我们通常要在最短的时间内控制局面。

我曾经听过一位经济学教授的课，尽管我尽了很大努力，试图专心听讲，可是却坚持不了两分钟的时间。当时，教授走进大教室，拿出他的资料，然后开始照本宣科，几乎不看我们一眼。听过三次以后，教授与听众之间的"情感协调"宣告失败。从那以后，我再未踏入教室一步，干脆躲在家里捧着他的书自学。在另外一个极端的例子中，主角是受过良好训练的演员们。他们可以按照自己的想法读出想读的感觉。通过面部表情、手势和语调，他们紧紧地抓住眼前的文字，可以马上建立与听众的联系，我们因此喜欢听他们讲话。

因此，保罗·瓦茨拉维克一再表明，在气氛愉悦的谈话中，谈话者从不有意识地控制所谈内容的关系层面。越是有意识地塑造关系层面，谈话双方就越有冲突的可能。最终，谈话可能会以诸多争执而结束，而谈话的内容也就失去了意义。无论是名牌牙膏，还是煎坏了的早餐鸡蛋，都可能会引起重大的婚姻危机。我们都知道这一点。内容上或许会可笑，但是从关系层面上来说，却意义非凡。

就这层意义来说，有一点很重要，我必须指出：只有同时考虑到内容层面与关系层面，"情感协调"才能毫无例外地成功。一句简单的话如"我觉得这本书太好了"至少会有五层含义——完全看强调哪一个字。所以，我们头脑中一定要始终清楚，每一次交际都会涉及内容层面与关系层面，这一点非常非常重要。同时，关系层面决定着内容层面。请抄下几句话，熟记于心，以后有机会可以告诉别人。

视野中的冰山

下面这个例子很清楚地说明我的意思：

请想象，水中有一座漂浮着的冰山。这个庞然大物至多只有 20% 在水面以上，这意味着，至少有 80% 隐藏在水面之下。

请想象，冰山的可见部分代表事物的内容。而所有隐藏在水面之下的则代表事物之间的关系（弦外之音、身体语言、面部表情）。为了清楚地表明关系层面在交际当中有多么重要，请务必弄清楚以下一点：我们想象两座冰山相向漂浮，最后发生撞击。最先撞击的是什么部位？您明白了吧……

我提到过，这方面的认识特别是在采访中给了我很大的帮助。现在，您也了解了这里面的关系，那么，我可以告诉您，该如何利用这种关系来"协调情感"了。

先试举一个例子：假设您给伙伴提了个建议。不知出于什么理由，他却言辞生硬地断然拒绝：我觉得你的建议一无是处。他说话的语调咄咄逼人，听起来很不舒服。这种情况下，请您先考虑对方所说的内容，可以问对方："为什么呢？我个人觉得这个建议不错。"对方很可能也会就事论事，就谈话内容反驳道："按你想的去做吧，我反正不看好你的建议。"是时候停止沟通了，但您可以告诉对方自己的态度："我会这样去做的。"一切都结束了。

请听我说，即使您采用了与对方相同的身体姿态、声音、呼吸频率和语调，甚至即使您穿了相同的服装、与对方同一天过生日，"情感协调"仍旧宣告失败。您可以在任何地方尝试这个方法。无论是商业贸易、职场生活，还是日常购物，都可以去尝试这个方法。"情感协调"之所以宣告失败，原因在于双方没有停留在内容层面，而是停留在关系层面上。对峙并不能解决问题。压力只会带来对等的压力。幸运的是，我们还可以更简单、更优雅地处理问题。

如果希望在上面这种情况下实现"情感协调"，您只需要赞赏对方的观点。不相信吗？确实如此，请相信我说的话。在把这本书扔到旧物箱之前，请至少再读下面几行文字。您将会了解如何实现预期目标，如何有效表达您最有力的观点。您要知道，人是这样一种生物，甚至可以为了自己的信念而牺牲生命！如果有人大声地告诉了您，您却还是怀疑这种说法，那只能怪您自己了。所以，还是先做一定的让步吧。您一定会有扬眉吐气的那一刻，我保证。在"情感协调"的过程中，总是不外乎换位思考，用对方的眼睛来看世界。当然，这并不意味着对方永远正确。可是——非常重要的一点——在他眼里，他永远是正确的。这从根本上意味着：如果您把自己放到别人的位置上，就会像别人一样行动；为了强调您的态度，您首先需做出让步，不再坚持己见。而谈话伙伴也会做相应的反应，如此一来，您的做法就算得上聪明的做法。

我们还是假设：您善意地提了个建议，却被"我根本不喜欢你的建议"当头一棒，而且对方的语气咄咄逼人。这个时候，您干脆可以这样说："您也许说得对，我的建议并不是最好的一个。这很有可能。我只是不清楚，您听了我的建议，为什么会这么不开心？"请您相信我，这么回应对方真的是有奇效。**有一条原则您一定还记得：在交际当中，关系层面决定内容层面。**

也许爱因斯坦曾说过："如果产生了问题，我们永远不可能在产生问题的层面解决问题。"您应该在自己与对方的世界中自由穿行，并能够交替层面思考，如此，就可以实现"情感协调"。如果意见交换出现了问题，我们只能在关系层面上来解决它。如果这样做了，谈话伙伴就非常有可能平心静气地与您交流，他会告诉您，为什么他之前反驳的口气咄咄逼人。

　　我还清楚而完全地记得，在"完全电视"的首秀中，我是如何当着施泰梵·拉卜使用了这种交际方法。上节目之前，我就很激动，节目进行当中还是无法镇定下来。重新回到更衣室那一刻，我几乎呕吐出来。一定要选对职业呀！除了首次登台的不适感，成为公众人物给我的生活带来了许多不同之处，为我打开了几扇不寻常的门。好了，现在言归正传：节目进行当中，施泰梵幸灾乐祸地对我笑。他说："嘿，托尔斯丹，现在给我们露手绝活吧。"我回应他说："坦白说，我完全不清楚，我准备的东西在这里是否合用。因为我有一种感觉，你想挖坑让我跳进去。"

　　施泰梵·拉卜马上换了口气："不是，不是的，我并没有这个意思。"这样一来，我又成功地实现了"情感协调"。另外，即使他当场承认，确实有捉弄我的想法——对于观众来说，一切也都尽在眼中。就这一点来说，有句经典的话：如果换作是我，我也会这样想的——说完这句话，您就可以很自然地继续自己的观点。

　　此外，还有个非常好的技巧，可以很快地实现"情感协调"：您可以让对方谈谈他自己的情况。没有什么话题比一个人的隐私更让大家感兴趣了。如果您成功地让一个人谈论自己，那么，这个人就会感觉到，您是一个很好的谈话伙伴。利用这个机会，您完全可以很好地练习本书提到的几个方法，如"视镜""同步"与"引领"。一旦谈话伙伴开始说起自己及自己的观点，他并不会完全清楚您正在做什么。因为他正在理自己的思路，而且忙得不可开交。

半途而废还是永远没有开始？

有时候，停止"情感协调"或根本不考虑"情感协调"，也非常有意义。您可以小心、缓慢地行事。例如，您可以慢慢地将身体远离谈话伙伴，可以改变您说话的音调，也可以相应的斟酌字句。一句有礼貌的"不，谢谢"通常是一个很好的回答。在极端情况下，您不仅可以中断目光交流，还可以背过身去。这样做的结果就是完全终止了"情感协调"过程。请您记住：您不必接受并实施本书提出的每一条建议！

◆ 但是，您会遇到许多场合，在这些场合里，您有必要暂时终止"情感协调"。例如，买卖双方结束洽谈的时候。客户签署合同之前，理应给客户一点儿时间，以便他按照自己的思路重新考虑一切。只有如此，客户才能考虑清楚，他对这桩生意到底是否满意。如果想建立长期客户关系——这样对待客户特别值得推荐。

◆ 还有一点：假设您面前有一个饶舌的家伙，一直在喋喋不休。该怎么摆脱他，而又不失礼貌呢？想想本章节中建议的内容吧，反其道而行就可以了。

本章节即将收尾，还想再提一个细节问题：关于这里描述的方法，还请读者三思而后行。因为世界上总归有那种人，您不应该模仿他们的动作，以实现"情感协调"的目的。假设有一位病人，身患妥瑞氏综合征———一种十分罕见的疾病——那么当然不合适去模仿他的言语和行为。这方面的基本原则就是：在所有的身体残疾面前，模仿当然属于禁忌。如果您确实使用某种方言，语言本身就可以拉近对话双方的距离。

例如，我本人来自萨尔州，每次我和母亲通电话，我的妻子都会马上知道，电话那头是谁正在讲话。每次一遇到老乡，我都会马上转回乡音，因为它是联结我与故乡的纽带，听起来再自然不过。可是，我却从来不会想到在慕尼黑说萨尔州的方言，或者——还要糟糕的一点——尝试着说巴伐利亚方言。如果某样特质确实不是您身体的一部分，也绝不会让您有如沐春风的感觉，那么您对这种特质也绝不会主动加以运用。无论如何，所有力量的源泉都藏于内心。只有内在与外在相统一，您才是真实的您。

请允许我引用米尔顿·艾瑞克森——一位杰出的心理治疗师——以此来结束本章吧。关于交际的许多基本方面，他都归纳得非常透彻——其中也包括"情感协调"："无论您何时在做何事，一旦确认无法继续下去，则应马上停下来转换目标。"我想，爱因斯坦也曾说过类似的话，虽然表达稍有不同："只有傻瓜才会相信，如果他两次做同一件事情，居然会有不同的结果。"与任何时候都一样，效果才是检验真理的标准。面对着一位谈话伙伴，如果一个方法不奏效，那么，您可以尝试另外一种方法。

任何情况下都抱着敬畏的态度

　　这里又要讲些什么？我洗耳恭听，您看到标题，向自己提了这样一个问题。为解答您的疑惑，我给您讲一个故事。

　　一段时间以前，我被马库斯·兰茨邀请参加他的节目。那次节目主题包括"牌术"与"占星术"。坦白地说，我在这两个领域都谈不上是专家。可是，我个人很熟悉一些方法，可以利用这些方法使观众们相信：我知道所有谈话伙伴的事情，也可以准确地描述谈话伙伴的思想、性格以及他各方面的生活状况。

　　占星术师及牌术大师们也做同样的事。在您正式读故事之前，我还想澄清一点：我本人对这两个领域并无成见。无论牌术，还是占星术，许多头脑聪慧的人都认真而又深入地研究过。例如印度，占星术在那里有悠久的历史，那里有一个所谓的棕榈叶图书馆。

　　棕榈叶图书馆揭示了这个国家最大的神秘之一。根据传说，曾经有极具天赋的占星师为数以百万计的民众占卜，并将他们的命运记到棕榈叶上。有预言能力的僧侣知道，生命一旦有了足迹，曾经留下印迹的灵魂迟早都会重新回到棕榈叶图书馆。世上不如意事十有八九：据人们所知，现在仅琴奈一地尚存一个棕榈叶图书馆。如果想在那里看到属于自己的棕榈叶，必须提前一年预约。至于其他的棕榈叶图书馆，倒是无须等候——可是没有人知道，这些图书馆到底在什么地方。

占卜内容确定了人们过去、现在及未来的生活。对有些人来说，这些内容确实有助于生活；对于另外一些人来说，这些占卜内容纯粹是胡扯。我想说的是：我做报告，目的是让大家换换思考的内容。做报告的时候，我使用某些方法，以便给大家留下这样一个印象，以为我可以看透人的内心。其中，我还使用了一个很特别的方法，本章中就有关于这个方法的介绍。这个方法与神秘学并无关系，而属于心理学的内容。但是，这并不意味着，神秘学并不存在，只意味着此处不涉及神秘学的内容。仅此而已。这并非正式评价，因为这里——一如既往——也只是介绍特别事例。

一方面，神秘主义者当中有相当多的人道貌岸然，他们过度相信自己；另一方面，神秘主义者当中也有开明的科学家。这一现象其实并没有什么特别之处，除了一点，即到处都有过度自私的人。

再回到马库斯·兰茨的那档节目吧。录制这档节目之前，我就声称自己是著名的占星术士，而且受到大家的公认，如果有了详尽的出生日期，就可以详细地分析对方的性格特征，最后可以确认对方的星象。在我的节目中，我准备为六名参与者写下他们的个人特征。节目当中，他们就可以拿到我写的星座书并可以当场阅读。然后，他们必须当场说明，我的分析是否正确。结果不言而喻：如果分数段为 1 到 10，我得到的肯定不低于 7 分。一位女士甚至想，我的现场判断异常准确，是不是暗中请了侦探调查过她，否则我为什么能够对她的个人情况了如指掌。

演员阿明·罗德也在节目现场，同样拿到了关于他自己的星座书。他读了其中一段——正如他所强调的那样——这一段百分百描述了他的内心世界。看起来我又成功了。但是，您也许已经意识到最终的结局。现在，我请参与者互相交换他们得到的文字，然后再重新阅读：他们拿到的其实是一样的内容。

这个试验叫作"福勒测试"，非常有名。福勒是位心理学家，如果您想了解更多福勒的研究内容：《我知你心所想》一书中，我已经描述过这种现象。当然，您现在会问：这是一个什么样的测试？具体内容我在这里不想透露，因为要保持一点神秘感。我只是想告诉您，我自己如何创作星座书。当时，我创作的对象是我的"个人"星座，整整写了 6 张 A4 纸，内容很贴近人心，读到的人几乎会相信所有的内容——毫无疑问，这个技巧非常有说服力。当然，如果这个技巧被宵小之徒掌握，也是相当危险的事情。

....

如此这般！

在《我知你心所想》一书中，我已经描述过，我们每个人都有自己感兴趣的七个主题范围。为了拉近与对方的距离，实现"情感协调"，您可以首先从这七个主题范围中选出一个，并加以描述，然后说与对方。请您观察对方的表现，确认您对对方的估计是否正确。

另外："脸谱"一章中还有一些线索，可以帮助您加深认识与了解。

请您将自己想象成对方：假设您朝一个人走去，而这个人会帮助您。您为什么要这样做？在上面提到的七个范围中，很有可能有与您的想象不相符合的地方。这当中总是包括：

健康

爱情（也包括两性）

金钱

职业

这是最重要的四个方面。其他的包括：

希望与未来

教育（获取知识）

旅游及更换生活地点

每个人都会对这些主题感兴趣。我敢保证！所以，有必要把这个清单牢牢地记在心里。

还有第二个因素：每个人都有另一个主题，这个主题超越其他所有的标准：自我！

此外，并不是每份日报中都会登载关于星座的内容。每个人都想对自己与自己的生活有所了解。所以，通过请他谈谈自己，您就可以在他那里实现"情感协调"。戴尔·卡耐基曾著有《如何交朋友，受人喜爱与保持影响力的艺术》一书，书中有关于这方面的介绍。卡耐基给出了一个简单而又有效的建议：让对方开始说说自己吧，让对方相信，自己是一个优秀的谈话伙伴。从对方诉说这一刻起，您就可以倾听、模仿并鼓励对方保持诉说的状态。

我在这里向您介绍了行动方法，它有三个优点：

◆ 首先，对方并没有意识到，他实际上是在被追根问底；

◆ 其次，对方会相信，您能看穿人的思想；

◆ 最后，即便您的言论有所偏颇，最后也总能找到办法扭转局势，使您最后仍然在道理上占先。是否能做到这一点，完全取决于您的智慧和辩术。我还忘记了点什么：首先，您要大概估计下对方的年龄。一旦有了大概的推算，您就可以开始交谈。为什么要估计对方的年龄呢？虽然我们每个人都想，我们是世界上独一无二的个体，有我们个人独一无二的喜怒哀乐；实际上，因为我们本身处于一个特定的年龄段，所以，很多问题完全可以预见。毕竟，这些问题会受到特定环境的制约。与16岁的人相比，18岁的人完全在忙不一样的东西。20世纪70年代，已经有人就这一现象写了一本详尽的书。作者名叫盖尔·希伊，一位女记者，同时也是一位女演说家。书的名字叫作《人生变迁：成年人生活中的危机》。这本书获得了巨大成功，当年在美国畅销书排行榜中排名首位。

几年之后，德国有了该书的德译本，名字叫作《人到中年：预见并克服危机》。无论如何，这本书都值得一读。原因在于，如果您知道了对方的年龄，那么，面对着坐在眼前的人，您就可以非常准确地说出他从事的行为。具体内容请见下一章节。在为马库斯·兰茨写的星象书中，我就做了这样的尝试，结果明显很成功。在我曾经分析过的人当中，年龄段分布在 35 岁至 55 岁。好了，让我们开始吧！

18 岁至 35 岁之间

　　18 岁至 35 岁的男性对职业规划与目标感兴趣。之后，他们的兴趣就会转向异性。即使没有固定的伴侣，这个话题仍很有趣：无论如何，他们都会考虑结婚、建立家庭。在这个年龄段，几乎所有人都有这样一种感觉：所有事情的进度都太过迟缓，别人竟然低估我的能力，我没有真正受到别人的尊敬。在这个年龄段，所有男性都会为自己寻找良师益友。良师益友将起到庇护别人的作用，会与别人分享人生智慧，也可能会引领他人进入商业生活。18 岁至 35 岁的男性经常自问，他们是否会过上成功的生活，应该在什么领域继续深造，还应该加强自己哪一方面的能力。一般来说，之前所学的知识远远不够。金钱与声誉对人有很大的影响。年轻人当然也会问自己，什么地方赚钱最容易，他们又该如何从蛋糕上分得其中的一块。

　　18 岁至 35 岁的女性还在思考，自己是否能遇到生命中的白马王子——是否已经熟悉了他的容颜——是否已经和他在某处擦肩而过。她们还感兴趣的是，有朝一日是否能够实现财务自由。她们问自己，到底该如何去做，才能为自己和孩子们实现最大限度的经济保障。此刻，人际交往就成为她们生活中重要的一面。她们投入地思考，应该怎么才能更有魅力地展示自我。她们也在想，为什么会在某个人身上或某件事上束手束脚。

从 30 岁开始，女性会越来越多地担心自己会变老，她们会思考自己在家庭中的地位。大多数女性都已在 30 岁前后嫁作人妻。至于婚前的男女关系，她们通常都会在婚后表示后悔。最多认为丰富了人生阅历。她们想知道，自己是否能够找到自己想要的人，是否能够把他拴在自己身边。在 20 岁至 30 岁的女性当中，许多都害怕突然怀孕。她们自己的母亲就是最好的榜样——无论这样说是积极还是消极。

这些女性在职场上也可以雄心勃勃，可以苛刻地审视男人，甚至厌恶男人；她们还盼望未来生活顺利，能够和心目中的他共同走入婚姻殿堂。有一条原则适用于所有女人：未来似乎遥不可测，人们须竭尽全力。走上正确的人生道路吧——无论从职业，还是从婚姻的角度出发。

18 岁至 35 岁的人，无论男女，都能感觉到：作为将近 20 岁及 20 岁出头的年轻人，他们做了许多尝试，试图找到真正的自我。青年时代，人们倾向于培养自己的想法和爱好，这些想法与爱好与父母的想法大相径庭。他们这样做，只是为了发现自我，试图对自己有一个清醒的认识。

从外部看来，年轻人表现出极大的自信，实际上，过度的自信后面是明显的忧虑。在年轻人这个生活阶段，生活的核心意义就在于寻找安全感，以及找到自己的位置。具体表现为在职场中寻找合作伙伴，也可表现为寻找信念和理想，为自己的精神世界寻找一个栖息之处。在年轻人这个阶段，人们也寻找志趣相投者，寻找能够理解自己的人。

如此看来，彷徨不定就是这个阶段的特征：一方面，人们想自由独立；另一方面，人们又需要明确的安全感。20 多岁的时候，每个人都尽情做着自己的梦，也非常希望有朝一日梦想成真。这些梦想中，职业发展与男女关系是核心内容。心中想到什么，我们就应该努力去实现。可是，我们内心往往犹豫不决，在安身立命与捕捉命运之间徘徊。一方面，我们努力不让自己负担太多责任，努力保持灵活；另一方面，我们也声称，我们希望自食其力，我们说自己知道该走正确的人生道路，并应持之以恒地走下去。

30 岁的时候，我们有这样一种感觉，虽然已经有所成就，却太过于固步自封，有点儿畏缩不前。因为有了这种感觉，生命中第二次有了动力。30 岁的时候，人们经常跳槽，也会重新寻找生活的目标。我们经常突然有这样一种感觉，因为正在做的事而浪费时间。30 岁的时候，许多人读夜校或重新回到大学校园，目的是进行职业进修。或者，他们干脆走上一条全新的人生道路。

大约 35 岁的时候，人们会专注于自己的职业。到了这个阶段，人们会感觉人生苦短，来不及实现所有的人生目标。所以，人们会加倍努力，以期在职场再进一步。他们确实会努力，因为他们想在最后一刻放手一搏。从这个阶段开始，人们会忽略许多需求，这些需求与个人的职业前景没有任何关系。一旦过了 40 岁，这些需求又被自动唤醒。

从 35 岁至 55 岁

在这个人生阶段，人们仍期待对生活有更多的认识。无论是重要的职业决定、一项重大投资，还是一样重要的项目：这样做有回报吗？怎样做才是最好？他们还执着于这样的问题：还可以怎么做？什么才是我最重要的目标，什么才是我的梦想？现在还可将什么付诸行动？男人们会自问，他们曾经有过的目标、希望与野心，现在都在哪里。如果我当时另做决定，现在又会如何？如果是那样，我的人生又会怎样？这些都是关于人生的经典问题。有些人抱以幻想，希望自己能从头开始。他们也将人际关系纳入思考的范围。他们自问，为什么别人会误解自己，为什么别人不喜欢自己。然后，他们又会开始为自己的健康状况担忧。

到了 35 岁至 55 岁之间，女性希望能肯定一点，即她们正在做人生中重要的决定。她们会考虑工作，最终会考虑婚姻、与伴侣之间的关系及伴侣是否忠诚。到了这个阶段，有些女性自问，自己是否想从习惯了的生活中挣脱出来，是否想重新审视眼前的世界。她们第一次注意到健康上的小问题及影响。她们开始为自己的孩子担惊受怕，会问自己，丈夫是否及何时可以加薪。35 岁至 55 岁这个阶段，女性怀疑并检验伴侣的忠诚，这倒也不失为一件好事。许多人已经埋葬了青春时期的梦想，而有些人如果不开心不幸福，就会变得忧郁。

无论男女，他们在某些关系上有相似的表现：许多人会在 40 岁前后跳槽或另寻人生伴侣。40 岁前后，人们重新审视生活，并可能会华丽转身。

大约 45 岁开始，生活又会进入平静的轨道，情况会稳定下来。经历过生活危机的人会找到新的生活意义，没有经历过生活危机的人很可能感觉内心波澜不兴，这是个需要解决的状况。多数情况下，男性与女性的人生目的会分道扬镳。女性会寻找并攀登新的人生高峰；而男性则寻找机会，让自己的人生更加平和，他们甚至可能会完全放弃自己年轻时的梦想。

自下半生开始

从 55 岁开始，男性会突然问自己，自己还有多长时间的寿命。有些人与伴侣的关系不尽如人意，希望能经历一次真正的爱情，想再次体验心跳的感觉。他们想知道，可以利用自己的财富实现什么；他们精于算计，却同时担心自己面临突发的健康状况。有些人会担心自己年老时的财务状况，担心退休后的生活条件；他们重新考虑，如果真的涉及了利益问题，又可以相信谁。

50 至 55 岁之间，男性会进入所谓的更年期。在这个阶段，压抑了多年的职场情绪终于爆发出来。许多情况下，这种爆发会导致悲伤，甚至绝望。对于当事者来说，这一阶段非常艰难。压抑了许久的情绪泡沫越来越大，好像突然要爆裂开来。

从 55 岁开始，女性们会考虑，是否——如果她们寡居——保持单身或如果丈夫健在——在丈夫之前就驾鹤西去。她们自问，是否值得进行一项貌似有利可图的投资，是否在未来的岁月实施某一个计划。她们详细地考虑所有的一切，然后到医生那里寻求另外一种声音。她们也想知道，如果情场失意，如何才能让自己走出悲伤，自己是否又能重新为另一个人付出感情。我还能像之前那样坦然吗？这种念头在脑海中久久盘旋，挥之不去。

从 55 岁开始，无论男女，都会有这样一种感觉：能够很好地处理自己的情感、平淡面对人生高峰和低谷的人，才会对幸福有不一样的认识。这样的人非常自信，习惯直接表达自己的观点。他们生活态度积极，按照个人的意愿生活，这样的生活几乎可以说是重度青春时光。他们愿意回顾过去，当然也担心有朝一日会卧病在床；可是，有些人却能够暂时摆脱这种想法的困扰。只能短暂地摆脱困扰，想想不免忧心忡忡，可是这种有意识的忘记并不会影响人们的行为。

关于催眠的故事

一想到"催眠"这个词，大多数人脑海中马上就出现了这样一幅画面：一些人意志薄弱，却面对一个意志力强大的人，前者完全受后者的影响与控制。通常，这是人们先入为主的想法。只有一再提醒并反复思考，人们才会想到催眠的医疗作用。我在自己所有的书中都避免使用"催眠"这种说法。理由很充分，我这样做，是因为感觉到，一听见"催眠"这个字眼，大多数人就会采取敬而远之的态度。事实上，这种态度中别有深意。如果有人侵犯了自己的独立，或影响到对自我的控制，那么，大多数人都会反感，并采取一种抵制的态度。

然而，之前我登台表演，每每请观众到台上参与催眠试验，都不会遇到任何问题。就效果而言，现场的观众会自动划分为三个阵营：抵制派、中间派和好奇派。好奇派会马上冲到台上，说话之间就可以接受催眠试验。但是，三个阵营都有一个共同点：他们被催眠过程中发生的事深深吸引。这种陶醉并不稀奇，因为催眠早就有了不一般的历史。

根据传说，古代就有了所谓的"寺庙催眠"——一种古老的催眠形式。在古希腊，病人会去牧师那里。简单的洗浴与仪式之后，病人自行躺到床上。而牧师则对着病人耳语，将一些提示告知病人，目的是激发病人本身的抵抗力。

海因里希·柯尼留斯·阿格利帕·冯·奈特斯海姆（1486—1535）曾是科隆的一位学者，他使用过催眠术，并在著作中对此进行过描述。当时正是宗教裁判盛行的年代，他这样做不谓不危险。结果，他被关了起来，罪名是施幻术与巫术。可是，他在监狱里妙手行医，又被放了出来。真是幸运，本来他可能会面临拔指甲的刑罚，或干脆被绑上火刑架。

用今天的眼光来看，第一位真正意义上的催眠家是弗兰兹·安东·梅斯梅尔（1734—1815），他来自博登湖畔的伊茨那地区。当年，他的催眠试验如此耸人听闻，以至于"mesmerized"这个词在现代英语中仍然广泛使用，意思是"着魔的"或"被吸引的"。梅斯梅尔似乎真的很了不起——此外，他还是沃尔夫冈·阿玛多伊斯·莫扎特的朋友。梅斯梅尔相信，世间万物都被一种神奇的磁性介质相互联系在一起。如果这种天然的能量流动受到阻碍，人就会生病。一旦病人通过磁性介质将能量重新引入正常轨道，就意味着病已痊愈。梅斯梅尔在病人的身体上方做着魔幻的动作，让病人恢复健康。最初，他使用的是磁铁，后来，他干脆完全徒手。早在那个时代，他就知道，当众演示具有强大的暗示效果。他的每次出诊都是一场轰动：紫色长袍，女乐师们用竖琴演奏着美妙的背景音乐。

至于病人，他让他们双膝并拢，围坐在一只水桶旁。梅斯梅尔强调说，如此这般一来，磁性介质才能够更好地流动。水桶里放了若干铁棒，铁棒上固定着一些金属线。病人们被要求手握铁棒，方便能量从一个人传到另一个人身上。诊疗期间，梅斯梅尔的漂亮女助手们会抚摩病人的敏感部位——一些病人会因此"着了魔"，肌肉会不由自主地紧张起来。这个时候，大师本人及时现身，他会借助一根铁棒来使病人平静下来。他用铁棒接触病人的脸、胃部及胸膛——我只能说：选职业的时候，可要睁大眼睛啊。在观众面前，我最多只是和他们握手。最终，法国国王派来一个专门委员会，旨在近距离研究梅斯梅尔的诊疗方法。

这个专门委员会由医生与科学家组成，最终认定梅斯梅尔的诊疗手段不科学。所有的诊疗效果只不过是病人想象力的产物。有趣的是，科学家们说得的确有道理。无论如何，所有的力量都来自人的内心……至于诊疗现场的表演，虽然略带夸张，但确实在许多病人身上产生了疗效。科学家们并非故意视而不见。可惜，当时没有在这个方面进行进一步的研究。相反，梅斯梅尔被禁止继续使用催眠。我个人认为，当时的专门委员会只是出于嫉妒心理：他们肯定也想用铁棒触碰巴黎上层社会女士的胸部。当然，这完全只是我的个人推想。

当然，催眠这个话题依旧吸引着人们的注意力。1819年，葡萄牙人艾泊·法利亚（1746—1819）发现，即使没有介质，仅通过有说服力的暗示，也能达到催眠的效果。法利亚直接走到试验人面前，专注地看着试验人的眼睛，突然说道："睡吧！"近半数试验人员马上就会进入被催眠状态。如今，这种现象被称作快速催眠。

"催眠"（Hypnose）这个词最初由詹姆斯·布雷德（1795—1860）创造，他是一位苏格兰眼科医生。这个词产生的时间是1819年。布雷德全力研究催眠术——目的是揭示其中的奥秘。结果，他惊奇地发现，催眠竟然有效果。为了表现这种让人难以置信的状态，他命名其为"Hypnose"（催眠），该词来自希腊语的"Hypnos"，意思是睡眠。尽管在尝试催眠方面获得了成功，布雷德收获的仍然只是同事们的嘲讽。

在法国，医生阿姆布劳泽·奥古斯特·利保特（1823—1904）检验了布雷德的试验效果，认为试验确实有效。后来，希保利·本海姆（1840年前后—1919）也注意到了催眠现象，他把催眠及心理暗示用作治疗方法，引进到位于南希的诊所，并与利保特在南希合作创建了有史以来最著名的催眠治疗中心。这种治疗方法开始有了科学用途。

没过多久，西格蒙德·弗洛伊德（1856—1939）的研究又引起了人们的关注。弗洛伊德本人是南希学派的传人，他关于心理分析的著作引起了巨大轰动。在他那个时代，心理分析作为正式的治疗方法，几乎没有受到人们的重视。其时，工业革命正如火如荼。人们的目光开始投向其他方面。科学与技术突飞猛进，可以通过新的方式（蒸汽机）获得能量，也研发了新的机械（如纺织机）。

我还必须提到另一个人：米尔顿·艾立克森（1901—1980）。在许多人心目中，他是真正的光辉人物，人们传说他具有真正的魔力。艾立克森是现代催眠医疗之父。他身患小儿麻痹，曾成功地用自我催眠减轻了病痛。他的成功之路与众不同。他并没有化身为权威与具有魔力的催眠大师，而是放低姿态，不是把自己，而是把病人们推向目光的焦点。正是因为这一点，他成功地使催眠疗法成为现代医疗手段，奠定了自己的地位，也赢得了大批拥护者。这让梅斯梅尔——虽然穿着紫色的长袍也黯然失色。现在，让我们把目光转向催眠的实际过程，看看催眠过程中都发生了些什么。

如何实现深度催眠？

在之前的诸多电台及电视采访节目中，经常有人要求现场表演催眠，我却总是予以拒绝。这样做有一个主要原因：我知道，不仅现场观众可以听到我的话，其他地方也有人在收看或收听我的节目。更早的时候，我曾经在一个节目里现场催眠一个观众。等我说完口令，不仅这位观众进入了催眠状态，音响师也中了招，因为他当时正戴着耳机。所以，如果不能确定催眠会影响到哪些人，就不能任意施展催眠术，否则就是太过于轻率和不道德。如果真的在广播节目里现场催眠，也许马上会有数以百计的司机酣然入睡。虽然这样做可以成为报纸的头条，可是却不是我追求的目标。

RTL 电视台的丛林探险节目曾经找过我，我却并无很大兴趣。他们问我，是否愿意同行。如果同行的话，我可以在那里吃到动物的睾丸、接受电击，还会被囚禁并一直受人监视。好吧，这一切都是很刺激的心理测试——可是，我宁愿手拿一杯麦芽利口酒，坐在客厅里欣赏这个节目。对我来说，这样的节目更像"密室逃脱"和"天线宝宝"的混合体。所以，我始终拒绝参与其中。

真是难以想象，仅参与一次电视节目，就可能使更多的人有被催眠的危险。一般条件下，一档节目会拥有百万名观众——这还是保守的估计。所以，确实可能有成千上万的观众面临这种可能性。对于催眠师来说，倒有了大批受众。如果观众群非常庞大，即使只是其中一少部分人受到催眠的影响，结果也非常可怕。亲爱的读者，您知道，您不愿意成为其中的一员，对吗？

有一种所谓的后催眠指令，可以看作是最诡异的心理暗示之一。催眠过程中，被催眠者得到某些指令，同时被要求迟些再执行这些指令。我还记得一次催眠表演，地点是一座露天公园。台上的观众们接到指令，听到"super"这个词就要马上进入催眠状态。催眠师此后没有再在台上重复这个指令。大约一个小时之后，我排队准备乘坐滑道车，正好排在一位刚刚接受催眠的观众身后。他正在和他的女朋友讲话，大意是说："马上要坐滑道车了，你没有不舒服的感觉吗？"他的女朋友说："没有啊，我觉得，感觉应该非常棒！"紧接着，他的男朋友就又回到了催眠状态，怎么都不说话。女售票员马上熟练（！）地拨了催眠师的电话号码，后者直接赶过来唤醒了当事人。指令解除了。售票员说，这样的情况本周已是第三次发生。

已经第三次发生了，到底什么情况？现在为大家介绍一个概念，来自库尔特·特佩魏因的《高级催眠术》。书中写道，切托克博士认为："催眠是暂时削弱了病人的注意力；也是一种状态，在这种状态下会发生许多行为，这些行为或自发形成，或作为对言语或其他外界刺激的反应。这些现象涉及一系列变化，包括病人的意识、记忆力以及对心理暗示的过度反应，病人本身也不清楚，头脑中怎么会有不属于自己的想法。催眠状态下会产生或抑制麻醉、瘫痪、肌肉僵硬及其他身体现象。"

在我看来，有一点很重要：这种现象既可由催眠师，也可以由我们自己引起。如果是由我们自己引起，那就不能叫作"催眠"，而应称之为"冥想"。

上述概念也可以说明，我为什么在本书中对"催眠"赋予了如此多的关注：在这种状态下，我们对心理暗示会产生过度反应。这是最高层次的心理暗示。在舞台上，本来头脑清醒的人也会拥抱扫把，会弹奏并不存在的钢琴，还会把洋葱当成苹果而大吃特吃。我在这里谈论的只是表演性的催眠，因为我自己专门学习过，而且更熟悉。

虽然这一切可能让人很不确信，也体现不出水准——可是却很吸引人。在表演催眠的时候，我学习到了一点：如果确实能发挥作用，则催眠的效果会异常强大。人们大概又会说：效果是检验真理的标准。在表演催眠的经历中，我也遇到过这样的人，他们一定要主导舞台，只想游戏人生一回。如果表演者经验丰富，就会马上看穿他们的用心，会马上请他们回到自己的座位上去。

仅仅看一本书，就能进入到被催眠的状态吗？严格说来，如果您埋头读书，完全忘记身边的一切，那么您实际上就处于一种被催眠的状态。如果您的目光正停留在我的文字上，希望您也能进入这种状态。读着我的文字，您会感觉到——非常不经意的感觉——您越来越平心静气，越来越感觉放松。您会放心身边所有的一切，把精力都集中在面前的这本书上。

现在，让我们做一个小试验。在大多数人身上，这个试验都会成功。顺便说一句，正是这个试验帮助我开始了电视表演生涯。该节目于2005

年 1 月播出，是我《读心的人》节目的一部分，获得了巨大成功。

磁性的手指

◆ 请您放松下来。把这本书放到身旁，保持阅读的状态，空出您的双手。

◆ 请交叉双手十指，放于面前，手心向下。

◆ 双手做出祈祷的姿势。手指互相贴紧，再紧些。

◆ 马上将食指与其他手指分开，将食指紧紧贴在一起。现在！

◆ 将两根食指分别向两边展开。

◆ 请看，剩余的手指指尖中出现了空隙。请想象，您的手指尖内仿佛有一块磁铁。由于磁铁的力量，您的指尖会分开，然后又自动并拢。开始吧！

坦白地说，除了心理暗示，还有其他力量使您的手指互相靠近。一旦您手上的肌肉开始感觉疲劳——如果您长时间地将双手相合，就一定会有疲劳感——食指就会自动互相靠近。一旦您捕捉到了这种感觉，您就会相信，试验即将获得成功。接下来，在您自己意念的指引下，手指又会彼此接近。这个技巧非常适合进行一系列的心理暗示，后文中还会继续介绍。

发现深层次自我的美妙路径

在正式开始催眠之前，您无论如何都需要获得催眠对象的信任。您一定要确保这一点。想想看吧，一个不修边幅的家伙，穿着不合身的老旧衣服，挺着啤酒肚，竟然主动说要给您做催眠试验。我希望，您还是拒绝他吧。另外，在迪斯科舞厅和新年集市上，80%的催眠大师看起来都是这副样子。很奇怪，似乎没有多少人介意这一点！您当然会介意！好吧，您一定要获得对方的信任，否则催眠必然不会成功。有一点非常有趣，许多人自称为催眠大师，他们——没有经受过医疗培训的人——声称可以借助催眠帮人戒除烟瘾或减肥。值得一提的是，这些所谓的催眠大师中不乏烟民，吸烟的感觉像林立的烟囱。我本人对吸烟并无特别的看法，只是认为确实不符合催眠的场景。好吧，请注意，我们准备开始了！

　　请您把自己交给真正的催眠大师。如果是上面描述过的假道学，我宁愿敬而远之。重要的一点：如果您希望自己浑身都散发着光彩，那么请先相信自我，要知道自己到底在做什么。您需要积累学识与经验。至于您的能力，当然毋庸置疑。在我第一次进行催眠表演的时候，我的老师这样向观众介绍说："站在各位面前的是一位著名的催眠大师，他非常有经验。"简直是在说谎，登台之前我既不是名人，也没有催眠的经验。可是，老师的赞美对我来说非常重要，它消除了观众心中对我的疑虑。现在，观众心中会想，现在登台的这个人应该是位专家，肯定知道自己该表演什么。您看，这是一个妇孺皆知的道理：您首先要赢得合作伙伴的信任，然后，才能指引他去任何方向。我说这些的用意在于：您不会随便遇到一个人，然后装神弄鬼地对他说"睡吧"，他就会马上进入催眠状态。

　　NLP 技术——所谓的新语言学编程——教给我们一个好方法，可以帮助您在对方身上进行催眠试验。借助于所谓的"同步",即"模仿"或"保持一致",可以在您与对方之间建立和谐感觉。您不必要求对方说:"现在,您必须打一个哈欠。"而我会选择更好的说法:"现在,您坐在那里看书,请逐渐将您的注意力集中到书中文字上。您读得越多,越是努力让自己不思考读到的内容,您就越忍不住想打哈欠。"(在敲这段文字的时候,我自己已经打了三个哈欠。)

因此,第二段文字更有效果。因为我已经看清了您目前的处境,并把它作为我心理暗示的出发点。为使您的试验对象进入催眠状态,请您对他说以下内容:"请您坐好。请您坐在那里,同时闭上眼睛,仔细听清楚我说的每一句话。现在,您坐在那里,能感觉到身体下面的椅子,也能感觉到您的手臂放在扶手上面。您感觉着这一切,同时听我在讲话,请您放松,再放松。您的呼吸变得均匀而平静。随着我说的每一句话,您越来越放松——越来越放松。"

这个例子表明:催眠的艺术在于,首先要与对方保持"同步",然后发布两个暗藏的指令(引领)。一旦您提醒,您的试验对象就能马上感觉到扶手上面自己的手臂和身体下面的椅子。现在,您开始引导对方放松,对方就会马上接受您的安排,很有可能做出积极的反应,听从您的引导。您也可以让试验对象坐下,然后让他抬头看您伸出的食指。同时,您可以对试验对象说:"您现在听着我讲话,同时看着我的指尖,坐在椅子上,您会感觉越来越放松。仔细听我讲话,您会感觉到,您的眼皮变得沉重起来。这样就很好。您会继续感觉到,您在眨眼;听着我讲话,您的身体越来越放松。您现在感觉到,自己的眼皮变得越来越沉重。随着您越来越放松，您的眼皮变得更沉重了。您眨眼越来越快，最后，您的眼睛累了，您现在闭上自己的眼睛，继续放松自己吧。"

这段文字不同寻常，因为它表现了试验对象即将感受到的一切。这样做的效果在于，如果长时间抬头并将目光固定在一样东西上面，谁都会感觉到疲劳。如果您想加强表演效果，那么，可以不用食指，而是用钟摆或干脆一只钟表。不要担心：无论如何，一个人的眼睛都会自行产生疲劳感。在这种情况下，每个人眨眼的次数都会增多。您要做的就是认真观察试验对象的表现，然后告诉他您观察到的内容。这个时候，试验对象就会暗想："哎，我的眼皮确实越来越沉重，我眨眼的次数越来越多，真的控制不住。这位催眠大师所说的一切都已实现，我确实放松地坐在椅子上，我的眼睛越来越沉重，我眨眼的次数越来越多。"到这个阶段为止，所有的一切都是"同步"行为，直到要求对方放松自己，才进入"引领"阶段。就这样，对方一步一步地进入了您的掌握之中。

对于外行来说，催眠行为就好像是真正的魔术：不要多长时间，一位浑身魔力的人就能让试验对象酣然入睡。实际上，您要做的一切只是观察试验对象，捕捉他身上表现出的各种信号，接下来用首先—然后模式告诉对方。您观察到的就是梦的起点。

催眠大师也可以留心表演场地里发生的一切，然后将其反馈给试验对象。我曾经在汉堡做过一次催眠表演，当时，我请了一位女士到台上。这位女士容易接受诱导，对我的暗示反应非常强烈。在导引（感应）的过程中，剧院里响起空调送风的声音。这种情况可以马上使试验人员终止放松过程，这一刻，催眠难度增大，甚至可能无法继续进行下去。这一刻，发生这种意外的可能性很大。当时对我来说，最好的办法就是把突发情况也纳入引导过程。我就对这位女士说："您听，现在剧院里正在通风，听起来有点儿像大海的声音。您越是注意这种声音，就越容易感到放松……"

再三强调

在导引或感应阶段，您应该匀速并平静地说出想表达的内容。请您想想演员艾迪·墨菲的配音，他的声音会让您完全进入一种放松的状态。这却还远远不够。演员克里斯蒂安·布鲁克纳的声音完全不同，他借鉴了罗伯特·德尼罗的声音。克里斯蒂安·布鲁克纳甚至可以充满感情地朗读电话簿，而人们则会听得如痴如醉。所以，只有您自己完全放松，您的试验对象才会跟着您的感觉前进。想象一下，您仿佛正充满爱心地给一个孩子讲着什么。这就足够了。

产生画面

请您用话语与试验对象所有的感官交流。通过引导对方说明都看到、听到、感觉到、闻到并品尝到什么，您可以创造一个温和的过渡期，以便与对方产生令人愉悦的共鸣。通过这种方式，您温和地引领对方进入催眠状态。另外，从现在开始，我将有意识地一再重复"Trance"（催眠）这个概念。对我们来说，这个概念意味着"放松注意力的状态"。在这里，我不想讨论这种状态是否确实存在，也不想讨论它的边界到底在哪里。就本文而言，这种讨论无胜于有；如果换一个场合，这种讨论则多多益善。

让我们假设，您使试验对象进入了催眠状态。进入放松阶段后，您引领他来到一棵苹果树下，那里芳草萋萋。不仅仅让对方想象着看到这果园，还应该告诉他，他现在就躺在一棵苹果树下，能感受到身下柔软的绿草，可以闻到鲜花的芳香，感受得到吹拂过树梢的微风。只有充分调动了试验对象的各种感官，他才能感觉到想象中的场景，有触手可及的感觉。这样一来，他才能真正地设身处地。我的同行好友英格尔夫·格拉巴茨——后文还会经常提到他——在他主持的研讨课上一直强调："谁能调动对方所有的感官，谁就做得最好。"

请您注意，应该给试验对象以足够的个人空间，以便使其自行补充想象中的各种细节。您只需要描述花的芳香，但是注意，不要提花的名字。试验对象心目中的果园与您的肯定有所区别。请您注意，描述的内容不要与试验对象的想象互相矛盾。不能低估想象画面的力量。无论是想象中的画面，还是亲眼看到的实际景色，都会对我们的思想有难以置信的影响。这种影响会指导我们的行为，会决定我们看东西的视角。

眼见为实

无论是做报告，还是主持讨论课，我都经常会做下面一个试验：我向现场观众请求说："请把您的手举过头顶——就像我一样。"说这句话的同时，我把自己的右手举过头顶。观众们照做之后，我看了看手表继续说道："我一说'现在'，请大家马上把手放下。三、二、一！"紧接着我放下了自己的手。几乎所有的听众都跟着我做了相同的动作。等到几乎所有人的手都放了下来，我大声地说："现在！"

这就是非言语交际的现场力量。我们更倾向于相信自己的眼睛，而不是耳朵。这意味着：耳听为虚，眼见为实。如果您想对某人有所要求，那么必须先给他示范，而不是喋喋不休地劝说。您希望自己的孩子准时吗？那么您自己首先要做到准时。如果您希望自己的员工忠诚可靠，那么，您自己必须值得别人信赖。看起来很简单，事实确实如此。

通过非言语表达，如话外音、面部表情及手势等，您可以告诉别人您感觉如何，如何读懂字里行间的意思。因为我们几乎总是无意识地使用这些非言语的表达，所以我们好像不是很重视它们。这样做其实是个错误。正如我们所看到的一样，而且我们还会看到，这种下意识的行为在交际过程中一直会发挥作用。下意识的行为经常会引起误解，也需要通过下意识的行为来补救。

通过正确理解细节，通过知道自己必须注意哪些方面，您会很清楚地认识到谈话对象的内心世界。这是一种能力，在舞台上，我经常通过这种能力使观众目瞪口呆。不同之处在于，您大可不必站到聚光灯下，以验证这种能力是否有效。

让我们假设，您需要一台新的 DVD 播放机——差点写成了录像机，说明我老了。首先，您当然应该知道：在电子产品市场，卖得最好的热门商品总是在与人们目光平高的货架上。听到过这样的说法吗？美国人会说："眼睛容易看到的，才是想买的。"当然，德国人也这样说。在目光平视的高度，无论从左看，还是从右数，第二件商品最容易被顾客选购。如果一位售货员向您推荐这个位置的商品，而且有点儿喋喋不休的感觉，那您干脆问："如果您是顾客，您会买这件商品吗？"同时，您的目光要直视售货员的眼睛。对方的瞳孔会变大吗，还是会转移视线？如果是这样，那么您就说中他的要害了。如果确实如我所说，那么请您继续寻找其他商品。

催眠术

如果您自己想尝试催眠，可以把催眠过程想象为由旁人引导的放松过程，整个过程伴随着心理暗示。有些人会很快且毫无保留地参与催眠试验，而有的人则全力拒绝，因为催眠过程中的静谧会给他们带来恐惧，他们担心会失去自我。一个人会对您的心理暗示做出什么样的反应——人们也称之为应激性——会受许多因素的影响。例如，对方是否觉得您值得信赖，对方是否有很强的想象力，对方是否愿意在催眠过程毫无保留地配合。至于催眠过程，可以分为以下五个步骤：

1. 准备：请告诉催眠对象，您有什么打算，同时您可以感觉到，对方对您是否有信任感。现在，您可以开始尝试将对方轻度催眠——正如上文描述过的一样。

2. 深度催眠：加大催眠的力度。例如，您可以请催眠对象乘坐电梯到楼下，然后再乘坐电梯返回。

3. 测试：催眠对象确实进入了您设想的状态吗？您可以观察对方，确认对方是否完全执行您发出的指令。

4. 引领：请您用非常平静的语调向对方发布心理暗示，然后仔细观察对方的反应。

5. 唤醒：请您将试验对象唤醒，使其回到现实世界。

至于采用哪些心理暗示，完全取决于您有何种目的。与迪斯科舞厅里的催眠师相比，一位医疗师肯定会做出不一样的心理暗示。前者会让试验对象将自己想象为埃尔维斯·普雷斯利（猫王），而且即将去登台表演。如果是舞台上进行催眠表演，我们总能发现，催眠师总是在试验对象完全清醒之后，才要求对方执行自己的指令。确实有效果。出于这一原因，每次催眠表演后，您都有必要确认，所有的心理暗示均已取消。

准备工作

请您让现场保持安静。如果您愿意，也可以选择播放轻柔的背景音乐，当然，这并不必要。我本人就无法忍受许多宾馆里播放的排箫音乐，中国餐馆里的音乐也让我难以忍受。真的无法忍受，就像许多广播电台不时播放的广告。

无论如何请您确认，您的催眠过程不会受到任何外界干扰。也请您确保，不会引领催眠对象进入对方不熟悉的场景。您只需要告诉对方如何去做。您要做的必须符合试验对象的期望，也就是说，试验对象清醒时不愿意做的，催眠状态下也会拒绝执行。可是，如果您表现得犹豫不决，那么，催眠对象就不大可能接受您的心理暗示。登台表演的时候，您必须表现出自信与让人信服的力量。即使是雏凤初啼，也要将整个催眠过程表现得游刃有余。

试验对象一旦在椅子上坐定，您可以先让他尝试绷紧全身的肌肉。与此同时，继续平静呼吸，所有的肌肉——最先从脚，然后是腿、腹部、胸膛、肩膀、手臂，最后一直到指尖——现在应该同时处于紧张状态。持续片刻之后，慢慢解除这种肌肉紧张的状态。

经过上述阶段，试验对象的身体略感沉重。现在，您可以进入"同步"与"引领"过程。请您对试验对象说："您的身体越来越沉重，您的呼吸越来越均匀而安静。现在，您平静地呼吸，感觉很放松，注意听我的声音。您在椅子上越坐越深，全身心地感觉我的声音。"

深度催眠

事实上，您不可能加深任何已经达到的催眠状态。可是，人们会在想象中进入更深的放松状态，所以，您可以很容易在试验对象身上实现深度催眠。一旦试验对象打开自我、放松全身的肌肉，您就可以继续推进这种状态。我倾向于这样的试验状态。可以尝试这个方法，请试验对象想象有一部电梯，这部电梯正缓慢地逐层下降。请务必强调，电梯每到达一个楼层，都会使他越来越放松。

在这里，我想澄清几个关于催眠的误解。很有可能的是，您的试验对象自己有更高的期望，他希望能在试验现场入睡，或经历从来没有经历过的事情。希望越大，失望也就越大。如果抱着这样的期望，您的试验对象可能就会产生这样一种印象，您所做的一切完全无效。可是，大家都期待着，您的试验能够满足试验对象的期望与想象。一方面，试验对象必须深信，自己将进入催眠状态；另一方面，试验对象也必须相信，所有的一切都在按照计划进行。为了确保这一点，您在这里必须再次澄清：试验对象虽然正逐步自我放松，却仍然能够听到并理解您所说的一切。他会完全清醒地意识到，自己正处于被催眠的状态。经过这样的澄清与解释，试验对象就会抛弃错误的期望，完全按照您的指令行事。

现在您宣布，您会马上从十数到零；随着您念到每一个数字，试验对象都会在想象中看到数字显示，同时感觉到电梯正在逐层下降。随着您数到最后一个数字，电梯也行驶到了试验对象意识的最深处。此时，请您提示全场：试验对象已经处于一个深度而舒适的全身放松状态。

让您的试验对象想象乘坐电梯下行，同时观察对方，说出对方身上发生的一切——"您现在正在坐电梯下行，您现在听到了我的声音，您现在正乘坐电梯到下一个楼层，请越来越放松您自己。"

测试

如果您感觉到，试验对象现在已经进入了您希望的状态，就可以展开测试，以确定对方是否确实跟随您的指令。例如，您可以暗示对方，电梯已到达楼房的最底层，一扇门打开，对方到了一个非常美丽的花园。请您记住，现在要再次调动对方的所有感官。只是，不要做得太过明显。例如，您不要描述花园里的道路或带有阿拉伯风情的陶罐。如果您确实觉得这样描述非常重要，那么，至少请试验对象自行决定，这些物品分布在花园的什么位置。请您向对方强调，这个花园非常美，如果愿意的话，对方随时可以回来。您可以要求对方在花园中找到一棵苹果树，然后坐在树下。树上有只苹果伸手可及。请告诉对方，应该用右手去采摘这只苹果。如果对方举起右手，那么催眠宣布成功；如果对方没有举起右手，您还须继续进行深度催眠。

暗示

在最理想的情况下，上文描述的测试不仅可以帮助您确定试验对象是否接受您的心理暗示，而且还可以帮助您加深催眠效果。让我们假设，试验对象确实抬高了右臂，右手抓住苹果后慢慢放下。现在，该加深催眠了：请您告诉对方，随着手臂一点一点下落，对方会感觉越来越放松。此时，您也可以加入一个非常有效的文字游戏："手臂越是向下，您就越感到放松；您越感到放松，手臂就越会向下。"

您的试验对象完全听从了您的指令。现在，请继续想象花园及苹果树。想象中，试验对象已经坐在了花园里的椅子上。右手采摘到的苹果本来还握在手里，右臂放到扶手上的时候，苹果应该脱手落地。现在，您可以暗示对方，对方的右臂变得越来越沉重，重得好像固定在扶手上一样。对方应该想象，一种无形的力量按住了他的手臂。现在，他试图摆脱这种力量，试图举起点什么。这一催眠过程对应着一个关键概念"尝试"——这个概念中已经有所暗示，试验对象不可能举起自己的手臂。现在有三个可能：首先，试验对象举起自己的右臂；其次，试验对象试图举起自己的右臂，宣告失败；最后，试验对象没有任何举动，依旧保持坐姿。

按照催眠的预期目标，第二种情况当然最为理想。如果试验对象身体没有任何动作，也有这样一种可能：他已经进入完全放松的状态，根本没有力气满足您提出的要求。我们还假设，尽管有催眠师的心理暗示，试验对象仍然能够举起自己的手臂，那也希望他至少能有沉重的感觉。这种情况下，请您继续努力，对他说："非常好——您现在感觉您的手臂有沉重感，请放下您的手臂。您的手臂现在一点一点向下运动，您也感觉越来越放松；您的手臂一点一点向下，您也摆脱了越来越多的东西。"就这样，您感觉到试验对象的每一个反馈，并将每一个反馈都与下一个心理暗示联系起来。

假设心理暗示起了作用，那么，您可以继续下一个步骤，暗示对方放松自己的手臂："现在，您的右臂上系着一个气球，气球带着您的手臂向上运动，越来越远。"请您同时注意试验对象的右臂，一旦对方的右手有了颤动或轻微向上，您就要抓住机会，马上对对方说："很好，您的手臂现在在向上运动，越来越高。"不知什么时候，对方的右臂真的就会慢慢向上动起来。

很有可能的是，要等一段时间，试验对象才会做出手臂向上运动的动作。请注意：在进行这个心理暗示的时候，非常重要的一点是，您必须感觉到对方身体的每一个反馈，并特别强调这样的反馈。一旦对方的右手升至最高点，您可以暗示对方，应该再慢慢地放下来。此时，对方的手臂正向下运动，您应该利用这一点，继续深化催眠效果："您的手臂越来越低，您就越来越进入绝对放松的状态；您越来越放松，手臂越来越低。"

虚无的花园是一个美好的想象。它是一个美丽的所在，一旦试验对象发现了这一点，他会随时进入想象中的花园。这是一个精神世界的后花园，非常宝贵。这完全是一个私人空间，每当人们感觉到压力、恐惧，或仅仅只是想获得片刻安宁，都会梦想有这样一个地方，以摆脱日常生活中的烦恼。偶尔的时候，我夜里会无法马上入睡，就想象着弹吉他，或练习读不是很清楚的刻度，要么干脆完全进入精神世界的绿洲。在那里，我可以完全按照自己的愿望来塑造一切，可以为所欲为。如果需要，我可以迫使自己放松，在最短的时间内就能安然入睡。您可以帮助催眠对象，向他透露，如果有需要，他可以随便什么时间回到自己梦想的地方。无论面临着重要的考试，还是需要集中全部注意力的时刻，都可以这样想。试验对象只需要想象最初提到的电梯。在想象中，他坐着电梯到达底楼，然后直接进入梦想中的花园。无论如何您都要告诉试验对象，他——如果是独自进入梦想的旅途——可以随时睁开眼睛，回到现实世界。随便什么时候都可以。

唤醒

催眠接近尾声的时候，应该很温和地将试验对象唤回现实世界，让他真正清醒过来，这一点非常重要。暗示试验对象重新进入电梯，这一次电梯改为自下而上运行。电梯运行期间，大声地从零数到十。请您告诉试验对象，随着电梯逐层上升，身体里的沉重感就会逐步消失，越来越多的能量重新回到他的体内。一旦您数到十这个数字，试验对象就应该重新睁开眼睛，然后深呼吸。在数数字的过程中，您的声音应该越来越坚定，就好像您在正常讲话。好吧，当然主要取决于您平时如何与旁人讲话——可是我相信，您已经知道我想说什么。

　　试验对象重新回到现实世界之后，您可以向他提问，以检验催眠试验的效果。如果您愿意，可以请对方回答，想象中的花园给人何种感觉，可以听到哪些声音，看起来有多真实。令人惊奇的是，现场总会提到关于催眠时间长短的问题。乐于合作的试验对象总是说，感觉催眠过程总是比实际短得多，经常感觉半个小时就像一分钟。请向您的试验对象透露一件事：从现在开始，他随时都可以用这个方法让自己进入催眠状态，前提是方法得当。

　　一旦您掌握了上面描述的催眠方法，您就可以继续下一步，即尝试后催眠指令。注意，您当然需要一个试验对象，对方必须能够很好地配合您的心理暗示。即使平放及举起的手臂的试验很成功，也不是每个试验对象都接受后催眠指令。尽管如此，如果迄今为止所有其他步骤都进展顺利，那么，成功催眠的机会还是非常大。您将催眠对象送入想象中的花园，又成功地进行了手臂测试，之后，就可以发布首个后催眠指令："每次我触摸您的前额，同时说'睡吧'，您就会马上进入令人愉悦的放松状态，而且感觉一次比一次深入。每次我在您的耳朵旁边打响指，您都会完全清醒过来，感觉精神抖擞。"下面的话很重要："如果您听明白了我的话，请点头。"如果对方点头，说明对方确实已经知道自己该做什么。现在，请您在对方的耳朵旁边打响指，对方应该"苏醒过来"。请您稍等片刻，然后确定对方确实已经清醒过来。然后，请您看着他的眼睛，触摸他的额头，重新对他说："睡吧。"如果对方又沉沉睡去，就意味着您已经完全掌控了局势——也同时意味着肩负了重大责任。

如果成功到达了这一阶段，作为下一步，您可以尝试让试验对象忘记自己的名字。为了做到这一点，您最好对对方说："如果您马上就醒过来，就很有可能想不起自己的名字。而且，越努力去尝试，就越是无法回忆。您的名字就在嘴边，却无法真正想起。越是想让自己找到，就越是无法寻觅它的踪迹。有时候，我们怎么也想不起朋友的名字，现在您也同样忘记了自己的名字。如果我现在问您叫什么名字，您无法想起。您越是尝试想起，就忘记得越是彻底。如果您现在马上睁开自己的眼睛，就会完全真的已经忘记。"

现在，请您再次在实验对象耳边打响指。看着对方的眼睛，您再次问对方的名字。问话中有那么一种弦外之音，仿佛您不指望对方给出正确的回答。问话的时候，您应该微微摇着头，以暗示对方不会给出正确的回答。即使对方还是说出了自己的名字，您也不要受到干扰。以后有机会再尝试这一过程——可以对完全不同的人尝试。请记住，没有天生的大师。只有经过不断的练习，才能成为真正的大师。

之前，您对对方说出了后催眠指令；现在，您也可以对对方宣布，指令解除。您只需要对对方说，现在，所有之前发布过的暗示都已取消，它们只存在于对方的意识中。采取以下做法效果最佳：您一边说着"睡吧"，一边用手触摸对方的额头，使对方再次进入催眠状态，然后对他宣布所有的指令都已取消，那就能取得最佳效果。请告诉试验对象，他马上就能清醒过来，而且会完全恢复催眠之前的状态；一旦睁开自己的眼睛，就宣告已经脱离了催眠。从这一刻起，所有的心理暗示都已经宣布终止，对方也会重新想起自己的名字。

以上是一个小小的尝试，一次完全不够的介绍，希望大家能够通过这个介绍了解催眠术的博大精深。请注意，您可以进行所有的试验，但是风险自负。就根本而言，我只是描述了催眠的方法，以向您介绍如何逐步建立催眠这个过程，及又该如何在催眠对象身上实现这一过程。我写下这些文字，并不是针对那些莽撞的半瓶醋，不希望他们在聚会上或在校园里尝试催眠别人。催眠这件事可不是开玩笑。至于心理暗示，我们更应该慎之又慎。一定要完全理解了个中奥妙，才能尝试进入其他人的内心世界。

责任——这是此处最合适的概念。如果一个人连自己的感觉都无法控制，那他就应该放弃研究别人的心理。下面这个故事最能说明这一点：一个（非常愚蠢的）催眠师在舞台上面对着一位非常配合的试验对象。催眠师对后者发布了许多后催眠指令。这些后催眠指令中包括，他——催眠师本人——现在开始从试验对象眼中消失。成功了！催眠师自己动手，将舞台上的几样东西搬来搬去。而催眠对象则很惊讶：这些东西竟然会飞。然后，催眠师又使对方进入催眠状态，然后对他说："现在，您看不到我，也听不到我说话。"有些人的愚蠢真是无法想象。如果催眠对象无法听到别人讲话，催眠师又怎么才能将他唤醒呢？我们实在不知道，这个闹剧到底如何收尾。

备忘录，给成长中的催眠师

如果您确实想对某人进行催眠——同时自己很清楚，您可以负责任地完成催眠过程——那么，您应该注意以下几点：

◆ 永远不要试图催眠有心理障碍或疾病的人——例如羊角风。如果您对某人的心理健康状况哪怕只是稍有怀疑，也要果断放弃催眠对方。

◆ 不要尝试做催眠玩家。至于医学知识或治疗手段，您还是要相信医学专家。无论如何，请不要在催眠对象身上尝试各种试验。

◆ 催眠是一种温和的手段。请不要考虑表演的效果，也请努力使催眠对象感觉如沐春风。只有做到这一点，您才能尽早感觉到，您掌握了一个多么奇妙的手段。催眠也是一种辅助手段，可以让您自己或他人获得心灵上的宁静。催眠还可以是这样一种辅助手段，可以让别人感觉愉悦。

◆ 一旦试验对象进入催眠状态，一切都可以帮助催眠。这意味着，您在进行催眠之前就应该计划好，所有的一切都必须按部就班地进行。您要预料到所有可能发生的状况。请试验对象回答，他是否对什么过敏。如果对方确实过敏，那么，即使想象着吃苹果或柠檬，也会导致过敏的发生。对于催眠过程中说的每一句话，您都要深思熟虑、字斟句酌。一位催眠师曾对试验对象说："现在，您坐在一辆非常棒的摩托车上，它真的像一个火炉。"话音未落，试验对象就尖叫着跳了起来，腿上起了几个水疱——好像真的被烫伤了一样。

◆ 催眠试验接近尾声的时候，请您确认，试验对象已经摆脱了您发布的所有心理暗示。您也要确认，对方已经不再处于催眠状态。想想之前提到的那位公园里的催眠师吧，幸好当时还找得到他，才能及时唤醒催眠对象。

◆ 最好将催眠看作一种手段，它可以帮助人安静及放松，而不要将它看作心灵的绿洲。其他的工作您最好——正如所说过的——留给医学专家。

催眠的危险

　　有一个广为流传的说法：一个被催眠的人不会接受犯罪指令。按照这个说法，如果催眠师发布的指令违背了试验对象的价值观和伦理标准，试验对象马上就会脱离催眠状态。可在我看来，这种说法完全属于胡说八道。如果催眠师非常有经验，就可以使催眠对象放松警惕并撤除内心的藩篱。

　　我曾经亲眼目睹了一次催眠：一位非常能干的催眠师塞给催眠对象一把手枪，然后暗示对方正在狩猎，面前正站着一头雄狮。而他——被催眠的人——只有向雄狮开枪，才能阻止雄狮的进攻并活下来。如果不这样做，雄狮就会发动袭击，会无情地撕扯攻击目标。事实上，催眠对象面前并非雄狮，而是一个男人。随着催眠师发出指令，催眠对象举起令人生畏的手枪开火，直到重新被催眠师唤醒。所以，处于催眠状态的人很有可能被诱惑犯罪。条件是——如上文描述的那样——催眠师采用迂回而且熟练的催眠手段。但愿催眠对象听到的指令不是"现在，向你面前的人开火"。可是，这种情况也不能百分百保证避免。上面提到了一位持枪开火的催眠对象，等到脱离催眠状态之后，人们告诉他所发生的一切，他不禁目瞪口呆。

罪行是否会在催眠状态下发生？这是一个已经研究了很久的问题。为了得到事情的真相，有些研究人员不仅赌上了自己的事业，还放弃了自己的健康。2009 年，我读到过一篇关于这个主题的文章。文章很有趣，刊登在《新苏黎世报》上。

哈考特·斯泰宾是最著名的催眠研究人员之一。他曾经想通过试验知道，在催眠的状态下，学生是否会将一杯盐酸泼到他的脸上。试验过程本来很简单，在恰当的时候，人们会悄悄地将盐酸杯子换成水杯。可是，人无完人——试验过程中，相关人员却在经历几次试验后犯了错误，他忘记了将杯子换掉。结果，学生就将盐酸泼到了教授的脸上。幸好医生救护及时，医生脸上只留下了一个小小的疤痕。真是不幸中的万幸！这个事例发生于 1942 年，地点是巴吞鲁日的路易斯安娜国立大学。

关于催眠，上文提到过的阿姆布劳泽·奥古斯特·利保特医生写道："被催眠的人仿佛变成了机器，可以任由别人塑造及操控。"也许正是出于这一点，催眠这种现象至今还引起人们的兴趣。想想看，我们可以对某人发号施令，某人无条件地执行，过后却再也无法回忆自己都做过什么。

今天，人们的意见仍然不统一，争论这种说法是否适合所有类型的命令。我个人认为，这种争论纯属多余。与别的事物并无任何不同，对于这个问题的回答，没有绝对的是或不是。上述两个例子早已表明，许多情况下都可以成功利用人们的盲从心理。当然，也会有不成功的情况。

据我看来，答案就在这里：有成功，自然就会有失败。了解了这一点，就足以让我们小心行事，因为总会有发生意外的可能。如果真的有了突发情况，再说什么也无济于事。

1884 年，有人做了一系列试验。试验的目的是为验证参与试验的人是否会用砷毒害身边的人，而另外一个人是否会开枪射杀别人。两名试验人员都毫不犹豫地执行了指令，却没有任何事情发生。当然，枪没有上膛，所谓的砷也不是砷，而是绵白糖。主持试验的人是犹勒斯·利葛司，试验最终公之于世。顺便说一下：催眠状态下，不仅可以暗示杀人，还可以伪造借据。

尽管利葛司的试验结果清楚无误，还是有越来越多的人质疑：试验完全是实验室的产物，试验人员也知道，枪械实际上并没有上膛，毒药也是山寨。那么您要知道，利葛司可是在众多教授和政界人物面前公开进行的试验。试验对象是一位妇女，接到暗示，她疯狂地用一把刀在身边捅来捅去，还拿了一把枪射击。委员会的专家们大惊失色，先后离开了大厅。一个有趣的细节：许多学生留了下来，他们要求被催眠的年轻女子马上脱下衣服，这女子却拒绝执行指令。

50 年之后，加利福尼亚大学，人们重复做了这一试验。可是这一次，参与试验的女子接到指令后，却开始飞快地脱起身上的衣服。还好，主持试验的教授及时制止了她，否则就真的会很尴尬。不足为奇！后来，人们发现，参与试验的女子其实本来是一名脱衣舞娘。

美国的俄克拉何马州有一所塔尔萨大学，罗伊特·罗兰德在这里研究催眠。催眠状态下，一位女试验人员将盐酸朝主持试验的罗兰德泼去。

可是，她并没有看到，罗兰德正坐在一片透明的玻璃后面。盐酸试验之后，罗兰德想知道，女试验人员除了对别人，对自己是否也会做些什么。为了确认这一点，罗兰德持续折磨一条响尾蛇，直到它充满了攻击性，然后将它放进一个开口向前的箱子。准备好之后，罗兰德告诉参与试验者们，箱子里放着一段橡胶绳，他们应该在听到指令之后取出这根绳索。根据罗兰德的描述，箱子中的响尾蛇已经昂起了头，同时发出非常响亮的噼啪声，30 米之外就可以听得到。

四名试验参与者中，有三人伸手入箱。幸运的是，这里也布置了一片玻璃，所以，并无任何不测发生。除了催眠状态下的试验人员，现场还有一个试验监控小组，计有 42 人。这 42 人当中，没有一个人遵从罗兰德发出的指令。大多数人甚至都没有接近装着响尾蛇的箱子。

这一调查表明，那条广为传播的观点存在着谬误：如果处于催眠状态，一个人将不会从事与自己的道德原则相违背的行为。早在 20 世纪 30 年代，人们早已做过同等性质的试验。可是，谬论却始终没有低头。到了 20 世纪 40 年代，就有了上文描述过的盐酸试验。试验过程很愚蠢，没有设置玻璃保护人的安全，主持者是哈考特·斯泰宾。可是，这次试验之后，似乎仍然没有足够的证据使人们摆脱谬论。

在一系列调查过程中，蛇继续充当着试验道具。被蛇咬了之后，一位试验人员马上陷入昏厥状态。可是，试验中使用的明明是无毒的水蛇。共有 8 人参与这次试验，7 人在催眠状态下执行了催眠师的指令。有一条与读者共勉：如果掌握在"不道德"的手中，催眠就会成为一种危险的手段，会剥夺人的自由意志。

四个事实

　　真正意义上的发现之旅并不在于找到新的风景，而是在于用新的眼光来看新的风景。小说家马塞尔·普鲁斯特对这一点认识得很正确。心理学家塞尔格·金柯曾经在他的讲座上建议人们接受一个事实：世界上不仅仅有一个真相，而是有四个真相。事实上，世界上有多少人，就会存在多少种观点。我在这里只是想说，人们可以接受从多个角度来看事情。从四个角度来看世界，有很大的好处。按照这种理论，原本固步自封的人完全有可能转换看事情的角度。我并非想对每一个视角展开评论，这四个视角都值得我们去学习，它们是：

1. 客观事实
2. 主观事实
3. 象征性的事实
4. 整体事实

客观事实

　　这种视角最接近我们西方的思维方式。标志性的东西是：人们将各种事物分开来分析。人们会说：我是我，而你是你；我的是我的，而你的是你的。在生活的许多方面，这种视角都特别有意义，值得推荐。利用这种方式，世间万物可以分门别类。我个人认为，正是出于这一原因，世界上大部分科学家才从这个视角来研究世界。如果眼中有了科学的思考准则，这种客观的世界视角也必将带人走上正确的认知道路。在许多情况下，区别不同的方面并努力注意事物之间的差别，这将有助于人们获取知识。

　　例如，如果您的团队参加某个比赛并获胜，作为团队的一员与冠军们一起欢庆胜利，将会是一件赏心乐事。或者，药店老板在店内所有的药物中翻翻拣拣，最后找到了此刻最需要的那一种，我将对他非常感激。但是，太过于关注事物之间的差别也不一定是好事。如果太注意视线中人物的差别，很快就会表现出较强的恐惧感或排斥感。起决定作用的——一如既往——是正确的时刻与力度。

主观事实

　　从这个视角来看，世界会稍有不同。很有可能的一种情况是，您非常喜欢一个人，而您的几个朋友对他却无法忍受。从主观事实的角度来看，您喜欢他，没有任何理由。从这一点来说，我希望自己身上不会发生这种事情：选择第一个男朋友的时候，我的女儿会有不同于自己父母的主观视角。也就是说：您主观感觉到的所有内容都属于这一范畴。数以百万计的人乐于观看《音乐世界》这一电视节目，也喜欢听打击乐。根据这一人群的主观视角，这样的娱乐方式会使他们感觉愉悦。我——用我自己的主观视角来看——无法接受这种观点，愿意同吉他手史蒂维·雷·沃甘站到一起。而许多其他人肯定会在口味上彼此接近。那么，到底谁有道理？没有人说得对，或者，每个人都有自己的道理。至于我自己是否有道理，那要取决于我与什么样的人群交流，对面是吉他发烧友，还是音乐大师。

实际上，有一个问题是我们判断事物真伪的唯一标准，即另外一方是否也经历过相同的事物。有时候，甚至这一标准也远远不够——如果某事不合我们（作为一个群体）的意，那么，我们会把另外一方看作是疯子或狂想主义者，从而最终仍然保留我们自己的主观视角。从主观事实的角度来看，每件事总是关系到我们与现实世界之间的关系。我们相信，自己的信仰决定着我们的个人经历。世界就是我们心目中的样子。我们的思想决定性地影响着我们的感受。举例来说，现在的决定会影响未来将会发生的行为。当您做出决定之后，您的想法就会影响您的行为——完全主观的影响。

象征性的事实

如果我们做梦或梦想什么，这就是我们感受中的现实世界。这样说不仅指的是深夜里的梦境，还指的是我们的白日梦，以及我们为自己制定的目标。就语言层面来说，比喻这一修辞手法属于这一范畴。对您来说，如果某事物并没有按照您的想象发展，那么应该做到以下一点：从主观视角或客观视角转为象征视角。有一些科学家成功地掌握了这一方法。据说，有一天，一只苹果落到了艾萨克·牛顿爵士头上——我找到了——他随之建立了万有引力定律。弗里德里克·奥古斯特·凯库勒是德国化学家，他在梦中发现了苯分子的封闭式结构。据他自己说，梦中，他看到碳原子形成的长列像蛇一样，在眼前不断翻腾，突然间，一只蛇咬住了自己的尾巴，形成一个环状，不停地旋转着……凯库勒猛然惊醒了，受梦中所见形象的启发，凯库勒迅速画出了苯分子的封闭式结构。这一切的发生都建立在象征意义的层面上。

读大学之前，我们经常玩这样一个游戏：参与游戏的人要猜出，某人正在想哪位同学。游戏中，我们借助的问题包括："如果你正在想的这个人是一辆汽车，那他应该是一辆什么样的汽车？"或者问："你正在想的这个人会是一种什么样的饮料？"提过几个问题之后，总会有人想出来大概指的是哪一位同学。时至今日，那位拖拉机—菊花茶—透镜—杂烩菜同学还让我觉得很遗憾。可是，又有什么关系呢？他现在是一名牙医……

这种游戏会给人带来很多乐趣。游戏过程中，人们可以通过象征意义学到很多东西。别人在如何想象某个人？了解这一点非常有趣。检验自己对他人有何种想法，这也是一件很有意思的事。我熟悉下文中的头脑游戏，这个游戏就建立在象征意义的基础上。

象征意义的游戏

◆ 一次美好的晚餐。请您的客人们在房间里随便选一样东西，然后拿在手里。

◆ 现在，请客人们借助于手里的东西进行自我描述；我用您正在看的这本书来举个例子，通过这本书来描述我自己。

◆ 这本书很苗条，就像我本人一样；这本书有很多页，有的地方会让您开怀大笑，有的地方会让您陷入深深的思考；这本书里藏着许多疯狂的想法。书中也藏着一些秘密——有些秘密最终被揭示，有些秘密依旧还是秘密……

我可以就这样一直讲下去，用这本书作为象征进行自我描述。请您回忆一下：其他地方肯定已经出现过"头脑训练"这个概念，意思是设想自己处于一个感觉舒适的状态，然后有意识地去梦想些什么。根据不同的需要，这些梦想应该是我们思想中有意义的内容。这样做别无他意，仍旧是将我们的视角转换到事物的象征意义。现实生活中，我们确实可以根据实际需要这样做。在生活的许多方面里，这种做法都有用武之地。另外，假设您现在是一名短跑运动员，如果在起点处回想之前比赛的胜利场景，试图通过回想让自己有一个好的状态，其实并无多大帮助作用。一旦想过去的事，我们实际上就已经落在别人身后；一旦展望未来，我们就已奋力向前。出于这个原因，短跑运动员在起点处就应该想象，自己最终将站在领奖台上。通过这种想象，短跑运动员自然就会更迅速地向前奔跑，而这正是短跑项目所需要的。

整体事实

事物间本没有界限，这就是"整体事实"的基本原则。就这一点而言，"整体事实"视角与"客观事实"视角泾渭分明。起初，我们会觉得这种看法很荒谬；实际上，我们经常会发现事物都有自己的界限。例如，我们只能听到周围百米范围内的声音。我们的生命是有限的，就好比地球上的资源或我们银行里的存款。用客观的角度来看，这些推断都完全正确。本来就该如此——我们戴上新的眼镜来看之前遮藏的事物。毕竟，世界正如我们想象。所以，转换我们看问题的视角吧，不要限制我们的思想。请研究夜晚的星空，您会意识到无尽的距离：看上去，星球之间似乎没有界限，万物归一。事实上，我们的头脑会自动屏蔽界限，例如，两个人之间的界限。如果您的孩子取得了好成绩，您对此感到非常自豪吗？此刻，您与孩子之间的界限就会暂时消除。如果您的伴侣心情悲伤，而您也有唇亡齿寒之感，那么，还是请您在这一刻想想整个世界。如果您在看一部电影，正与电影中的主人公们同风雨共患难，也同样不要太过迷醉其中。就"客观视角"而言，观影时的行为并不会发生。毕竟，电影中的人物完全属于虚拟，并不属于您的实际生活。

我们也可以联系实际来分析。假设，长时间的节衣缩食之后，您拥有了一辆属于自己的汽车。满怀自豪地将汽车停在视线内，您坐下来喝一杯咖啡，却远远地看到有人靠在您的爱车上。就在这一刻，您仿佛感觉这个人离自己太近——而不是靠着汽车。就在这一刻，您的出发点就是"整体事实"。同样，这也正如一对舞者，他们在运动中呈现出浑然一体的感觉。正如骑手与胯下的骏马。

我们的内心世界一直只接受自己认可的界限。因此，"想你所想"不仅仅是一个要求，还是一种很具体的可能性。在我们的内心世界，我们可以为所欲为，一切皆有可能。瞬间之内，我们可以想象自己到达地球或宇宙的任何地方，那里有着魔幻般的吸引力。如果某一天过得很糟糕，我就想象着自己到了纽约、前往马尔代夫或法国南部——具体方向完全取决于当时内心的想法。当然，从客观的角度来看，我没有到任何地方——可是，如果通过"象征意义的视角"或"整体视角"来看，就很有可能。如果我们有这样一种感觉，自己的意识不能很好地辨别，什么是我们真正的经历，什么只是我们想象力的产物，那我们也就会清楚，这些转换视角的方法有怎样的力量。

我本人既是作家、演说家，又是艺术家。我经常转换自己的身份，也算得上是"游戏人生"。您其实也可以做类似的事，用不一样的眼光打量身边的一切。通常情况下，您并不能改变世界，可是，您却可以改变自己对世界的看法。

具有真正说服力的影响方法

下面这个试验表明，潜移默化的影响实际上多么有效。这个试验出自易安·哈林和马丁·尼卢普的《心之计》。确实值得去尝试两位作者描述的这个试验。

激活嗅觉

这个试验不需要准备很多内容：五张纸牌、一位观众和一点点香水。准备阶段，您只需要向其中一张纸牌上滴一点香水。我们假设，滴了香水的纸牌是黑桃老 A。至于其他纸牌是什么花色，倒无关紧要。请注意，如果将黑桃老 A 放在眼前，应该只能闻到淡淡的香味。

香气的痕迹

◆ 现在，您需要一位搭档。请您将五张纸牌在搭档面前依次排开。纸牌应该正面朝下，背面朝上。也就是说，您的搭档只能看到纸牌的背面。

◆ 现在，请您的搭档闭上眼睛，然后平静呼吸。请您放慢语速告诉他，因为闭上了自己的眼睛，同时全神贯注于这个试验，他的其他感官会特别灵敏。为提高试验成功的可能性，必须将搭档的注意力引导到嗅觉上，却不要明显表现出您的这个意图。您可以请对方专注于自己的呼吸，就能够很容易地做到这一点。

◆ 请您的搭档静静地深呼吸。吸气的时候，他应该将注意力集中在腹部；一旦注意到搭档进入了放松的状态，并且呼吸均匀，就可以进行下一个步骤。请您告诉对方，您准备告诉现场人员即将发生的事情，在此期间，对方应该闭上眼睛。接下来，翻开桌上的所有纸牌，证明它们花色完全不同。

◆ 除了黑桃老 A，其他四张纸牌重新背面朝上。现在，请您手持黑桃老 A，将它放在搭档额前。同时告诉对方，您现在脑中牢牢地想着这张纸牌。您确实也是这样做的！有一点很重要，您将黑桃老 A 放在对方的额前，使得对方能够隐约闻到一种香味。您同时提示对方，您将纸牌举在对方额前的时候，对方可以调动自己所有的感官，从而使对方能感受到纸牌上的香味。对方可以注意所有听到或感觉到的内容——也可以注意自己均匀的呼吸！对方应该调动自己所有的感觉，以感觉纸牌的实际状况。

◆ 现在，请您将纸牌放回原位。现在，桌上又依次放了五张纸牌，均背面朝上。

◆ 请您的搭档睁开眼睛，然后向他展示桌上的五张纸牌，告诉他依次拿起五张纸牌，再依次将五张纸牌放到自己额前。如果愿意，他也可以在此过程中闭上眼睛。请您向他建议，什么也不要说，也不要马上确定是哪一张纸牌，直到五张纸牌全部出现在额前。

◆ 做好这一切之后，请对方凭借直觉指出之前放在自己额前的那一张，必须完全不假思索！

您将对自己表演魔术的能力感到惊奇。个中技巧屡试不爽。纸牌上的香味若有若无，您的搭档自己也不清楚，为什么自己能选出那张正确的纸牌。您还可以将洒了香水的纸牌放在右边数第二位，以提高成功的可能性。相反：如果您的搭档惯于用左手，就把那张纸牌放在左边第二位。

施加影响的手段

除了催眠与心理暗示，当然还有许多其他方法来影响别人。一般情况下，这些方法无须借助催眠，就可以发挥作用。对我来说，心理学家罗伯特·B·西奥迪尼博士——名字确实如此，并非笔名——是该领域最优秀的研究者之一。在我的心目中，西奥迪尼的《影响力心理学》一书具有划时代的意义。该书中，罗伯特·B·西奥迪尼主要研究如下内容：哪些因素会导致人们从事其他人乐于见到的行为。他还研究，可以通过哪些手段对他人进行心理暗示，并使他人服从自己。

做完所有调查之后，罗伯特·B·西奥迪尼最终得出结论，影响他人的手段数以千计——许多手段本书将有所涉及——基本可以分为六大类。每一类都对应一条心理学原则，这条原则对我们的行为有着决定性的影响：

◆ 相互性

◆ 稳定性

◆ 社会认可度

◆ 好感度

◆ 权威性

◆ 稀缺性

我绝非想利用这本书及这里所写的内容揭露催眠的阴暗面。我描写影响他人的方法，目的并不在此，并非为了大家能够运用这些方法，而只是为了大家了解这些方法。当然，如果您读了这本书，应该会具有某种能力。可是，您真应该懂得放手。我的意图仅仅是向您解释这些方法的奥妙，希望您由此多了解些知识。从现在开始，慧眼识别企图控制您思想的人，不要在他们那里上当受骗。揭示您之前没有了解的秘密吧。您将认识到游说者如何在您身上利用这些影响他人的方法：他们希望从您身上得到些什么，无论是向您推销商品、争取捐款，还是希望您做出让步。看上去，了解这方面的知识变得越来越重要。我们容易受人控制，明显越来越多地遭遇被人游说的风险，因为我们生活在一个快餐文化时代，无论白天黑夜，始终面临着日益猛烈的信息轰炸。面临这样一种态势，我们应该成功地认知事物并认识到各种潜在的危险。

为了做到这一点，您应该明白：人们内心通常养成了所谓的刺激—反应机制，我们往往脱离不了这种机制的束缚。如果我们处于压力之下，就会不由自由地采取这种行为方式，它在过去已经让我们感觉得心应手。这既不是好事，也算不上是坏事。在人类进化的过程中，这种行为方式只不过已经证明自己行之有效罢了。物竞天择，我们自己也学会了区别什么重要，什么不重要。我们学会了不费什么头脑就可以在日常生活中游刃有余。通常情况下，典型的刺激—反应机制都会减轻我们在日常生活中面对的压力。

另外我还相信，仅仅出于"当日特色咖啡"这个原因，诸如"星巴克"这种连锁咖啡店才会存在。这种咖啡店专门面对我这种人。通常，店里小黑板上的内容都会让我犯晕。当着太太的面，我不想被人看作是无聊的先验主义者，这种人往往每次都点相同的咖啡。我有一个小技巧：我总是点"当天的特色咖啡"。这样一来，我就会在点单方面加入一个美妙的变奏曲，不必绞尽脑汁地考虑，应该在现有的 25000 种咖啡当中选择哪一种。这种情况下，我的态度很实际，往往自动奏效。世界本来就已经非常复杂，我干脆就在点喝下午咖啡的时候采取这种狡猾的做法，免得大伤脑筋。

通常情况下，选取一定行为模式会帮助我们更好地适应生活。这种先入为主的想法并不奇怪。这些想法一般会让我们过着舒心的生活：这些想法能够使我们轻松地生活。通常，也不会有心怀叵测的人来到我们身边，并无耻地利用我们的应变机制满足他们危险的欲望。

数字叠数字

请您读下面的数字，并在最后说出接下来应该是哪一个数字：

1094

1095

1096

1097

1098

1099

请说出接下来的数字。

怎么样，您也说了 2000 这个数字吗？那么，您和参加这个试验的大多数人并无任何不同。尽管如此，答案还是不正确。正确的数字应该是 1100。罗伯特·B·西奥迪尼将其称之为"盲从行为"。它是若干行为方式的综合体，这些行为方式每次都表现完全相同，总是由特定的诱因引起。下面还有另外一个例子。

替换字母试验

请您大声地、清楚地读出下列单词：Fensterbänke。读得不够响亮，请再读一遍：Fensterbänke。现在，我们来替换几个字母：Bensterfänke。读得还是不够清楚，请再读一遍：Bensterfänke。好的，现在请大声读接下来一个单词：Benebelter。

这个单词有意义吗？只需小小的改动，我们就因受到的影响而读错了单词，原因就在于我们看着"诱饵"，会马上想到另外一个确实存在的单词。仅需少数几个迂回，就可以引发错误的行为方式，那么请您想象，我们身边的人和我们所处的环境通过各种方式共同作用，会使这样的行为方式深深隐藏在我们的意识中。请设想，如果有人了解我们的习惯，会很容易就知道该如何对付我们。

对立双方互相吸引

我们手里掌握了人类感知领域所谓的对立原则，就可以有机会利用这一模式。这条原则表明，如果我们先后经历两样事物，感知到的差异就会大于实际差异。请假设，您驾车行驶在高速公路，时速达到 190 公里。现在必须刹车，在下一个匝道口离开高速公路，然后转到一个地方，那里最高时速限制为 50 公里，您只能缓慢前行。可是，如果您原本时速为 30 公里，现在可以提高到 50 公里每小时，那么，您会感觉自己就是赛车手塞巴斯蒂安·维特尔。这种情况就被人们称为对比原则。

罗伯特·B·西奥迪尼博士描述了一个夺人眼球的例子，关系到我们会赋予旁人多少魅力值。例如，如果我们和一位外表出众的异性交谈，之后又面对稍逊一筹的一位异性，那么，我们在第二位身上感受到的魅力值要低于"实际"情况。这里写给女性读者：假设您刚刚与著名演员约翰尼·德普的替身交谈过，就突然会有这样一种感觉，每个其他男人都好像剃了胡子的金刚。这里写给男性读者：谢天谢地，约翰尼·德普与乔治·克鲁尼的替身没那么多。另外，这些替身的名字在德国人听来显得很愚蠢，例如约翰尼之类。

1989 年，D·T·肯里克、S·E·古特里斯、L·L·古特贝格进行了一项调查，研究结果表明，媒体——电视剧、电影、选秀节目中狂热追求人的美貌，并会顺理成章地产生关于人的魅力的表述。这种狂热会导致一种结果：我们会对目前或未来伴侣的相貌越来越不满意。几位研究人员的后续调查使人产生怀疑，如果观看性感人士的裸体照片，是否会使自己的另一半失去吸引力。世界正如我们想象！这里，我想到了艾克哈德·冯·希尔世豪森一句经典的话。他在《吉祥物》这个节目里说："报纸上的人也彼此不同。"我们应该时时将这句话铭记心间。如今，人们不能再相信杂志或电影里的画面。为了您不再受时尚工业的诱惑，有一个好主意：请您到网上搜寻梦中情人的内衣照。然后，您还要知道所谓的修图师，这可是一门非常好的职业。修图师会挑选某些魅力人士的图片，然后将他们塑造成没有瑕疵的人。网络世界果真提供了无限的技术可能。然而，完美的人只存在于图片上面。实际上，无论一个人看起来有多么完美，清晨还是要先跑去洗手间。关于这一点，看看下面这个网址会有些启发：www.glennferon.com。

　　格兰·费伦是一位"图像处理大师"，图像处理是一种修图技术。首先，您在内心里将模特看作完美的人——在大师处理图像之前，请再认真看看她们。这样做应该很能使您清醒。如果还帮不到您，我还有最后一个办法。但是这个方法需要自负风险！

　　如果您对自己身体的某个部位不甚满意，那么，请在夏天去露天游泳池。您在游泳池这里会看到许多人有身体缺陷，数量之多，甚至超过最大胆的想象。我却觉得这一点儿也不糟糕，恰恰相反。这才是真实的世界，而不是流光溢彩的杂志或电影。有一件事经常让我感到惊奇，有的人挺着硕大的啤酒肚——通常上身赤裸招摇过市，使我惊奇的是他们表现出的淡然与自信。为什么大多数赤膊的人不是众人欢迎的那种？为什么人们喜欢更清楚地打量某些人，而这些人在夏天却竖起高高的衣领？现在写给执迷不悟的人：世界上还有一种地方叫作天体海滩。时至今日，我还没有勇气尝试去那里，因为我夜里还想好好休息……

现在，让我们回到对比原则吧：这种原则通常涉及非常微妙的方法，会以这样或那样的方式在我们身上起作用。如果一位经验老到的售货员想向我们兜售商品，他会怎么做呢？如果采用对比原则，售货员会这样做：先展示最昂贵的商品，然后再展示最便宜的一种。罗伯特·B·西奥迪尼博士借助男士服装描述这一销售策略。假设，一位男士希望买一件西装和一件衬衣。只有先展示价格更昂贵的西装，然后再推荐衬衣，才能算得上是有经验的售货员。这种情况下，衬衣当然也不便宜，随便吧。与西装相比，衬衣无论如何都会便宜许多。如果先展示西装，再展示衬衣，那么，顾客同时买下这两件商品的可能性要远大于先展示衬衣的情况。如果先展示衬衣，对比原则就会为售货员帮倒忙。如果我们先看到便宜的商品，再看到价格昂贵的商品，我们就会不由得感觉贵的更贵。总之，精力会跟随注意力而转移，而且是双向转移。

汽车销售员经常利用这一原则，他们首先就汽车与客户讨价还价，然后再告诉顾客，还有其他费用。如果我们已经为一辆汽车掏了几千欧元，数百欧元就突然感觉微不足道了，尽管从客观的角度来看，我们已经支出了大笔款项。再举一个我身上发生的例子。几年以前，我买了一辆汽车和一辆自行车。当时，那自行车销售员运气真好！我先买汽车花了很多钱，就感觉几百欧元的自行车很无所谓。如果放到平时，我不会买这么贵的自行车。可是在当时那种情况下，对比原则在我身上发生了作用。现在，让我们逐个研究罗伯特·B·西奥迪尼博士归纳的六种影响力吧。

化干戈为玉帛

"没有什么比虚无缥缈的东西更昂贵", 米基罗一语中的。马上就是 12 月了, 届时, 您可以亲身感受到, 对比原则会多么忠实地不期而至。请您抓起电话簿, 随便向一些陌生人发出圣诞贺卡。您将会看到, 接下来几周, 会有许多贺卡突然蜂拥而至。

这是 1976 年的一个试验, 研究者是菲利普·昆泽与米谢埃尔·乌柯特。试验结果让人目瞪口呆, 几乎所有收到随机贺卡的人都回了信——他们自己根本不知道, 到底是谁给自己写了贺卡。他们随便什么时间收到信件, 然后就直接回复, 非常机械。接受刺激, 然后做出反应, 非常合乎逻辑。从这一点来说, 我们又要谈到罗伯特·B·西奥迪尼博士的相互性原则: "这条规律说明, 我们应该努力做到一点, 即希望从他人那里得到什么, 就要向他人回馈什么。如果别人帮了我们, 我们也应该投桃报李……" 尽快回馈别人的帮助, 这种需求明显贯穿于所有文化。可是, 如果仅仅是接受了很小的帮助, 这种需求就会随着时间和足够的距离而慢慢减弱。例如, 如果您 5 年前从陌生人手里接过一块口香糖, 您现在不必夸张地将自己的一个肾捐献给他。另外一方面: 如果某人 5 年前确实给了您极大的帮助, 那么, 即使要付出很多, 您也不应该忘记对方, 应该同样给对方以帮助。相互性原则不仅仅适用于互相帮助, 相反, 也适用于强加于我们身上的恶。关于这一点,《圣经》中早有描述: "我们播种什么, 就会收获什么。"

为了不让自己开始夸夸其谈, 还是举几个日常生活中的例子吧: 研究表明，如果收到的不仅仅是问题，还有一点点钱作为酬劳，那么，受访者就更有可能将问卷寄还给调查者。如果各家企业希望搜集资料，最好同时在问卷里附上礼券，因为我们都喜欢实惠，希望落袋为安。例如，保险公司做顾客满意度调查，发放的问卷当中附有一张 5 美元的支票，与填写问卷完毕才付给对方 50 美元相比，前一种方法事半功倍（瓦莱纳、高德、吉森、霍纳、迈克施普伦，1996）。

另一项调查表明，如果在结账的时候得到一小颗糖果，顾客会给更多的小费（斯托梅茨、林德、费舍尔、林恩，2002）。商店里有时会有免费试吃或试用，与餐后糖果一样有异曲同工之妙。20 世纪 50 年代，万斯·帕卡德写有一本著名的书《秘密劫持》——正是我想要的内容，关于销售与广告，虽然不是新书——书中介绍了一位售货员，他在超市里几秒钟内就卖光了所有的奶酪，原因很简单，他请顾客自行拿刀取用试吃。

这种做法的聪明之处在于，即便我们自己并没有要求对方提供帮助，反应机制也会自动生成。如果我们对某人没有好感，某人又想接近我们，就可以向我们稍稍示好以作为铺垫。而我们自己也会觉得有必要对某人做出回应。总之，这种反应机制极大限制了我们的自由决定权，因为只有首先做出反应、给他人以帮助的人，才有条件做出自由决定。掌握先机的人可以决定，到底给我们以何种帮助；掌握先机的人也可以决定，希望从我们这里得到何种回报。

同样的机制也体现在讨价还价中，先出价的一方就会占优势。现在我们假设，您想买一种商品。售货员先报了一个——对您来说很高的一

—价格,假定是 100 欧元。您个人觉得这个价格有点儿偏高,就还价到 80 欧元。人类共同的理性使我们最后达成一致,最后取得一个折中的方案,这个商品以 90 欧元换了主人。为什么会这样? 其实,并没有任何理由。对吗?

还有一个好消息与您分享:相互性原则并不适用于我们个人的家庭,也不应该用在朋友当中。只有在好朋友面前,我们才能无所顾忌地接受赠予和帮助,而不会心有不安或担了不必要的责任。无论是在家庭中,还是与真正的朋友在一起,人们喜欢彼此,愿意互相帮助。此外,没有其他的原因。也许,您也会同意我这么认为。

如果对话双方出现妥协,相对性原则也会有所变更。一天晚上,我儿子还想再吃一板巧克力。一开始,我并不同意。后来,我还是给了他一小块。这样的妥协也会在其他方面出现。人们称之为“迎面关门”策略。这个策略很简单:有人希望我们帮一个大忙,可是我们却不情愿满足对方。我们拒绝帮助之后,对方做出了让步,希望我们起码伸出援手——如果对方确实希望说服我们,那么,让步之后的请求才是对方的真正目标。现在,我们很容易就会答应对方的请求。请看,相对性原则再一次得到了应用。

最近,我刚做过一个晚间节目。节目里有那么一个时间点,我要试着向别人借一张纸币。几年前,每每到了节目的这个时间点,我都会说:“接下来,我需要一张纸币!”时过境迁,当时这么说纯粹属于初学者的错误。如果这样开口,没有人会被打动。结果就是:没有人会做出积极反应。在那次节目之后,我读了罗伯特·B·西奥迪尼博士的对比原则、相对性原则，也研究了妥协的魔力。之后，我就对之前的说法做了修正，以更好地影响眼前的观众。又一次相同的节目中，我指着观众中的一名男子说："接下来，我需要一张一百元的纸币。"这件事情已经过去很久了，当时还没有网络、邮件、选秀节目，也没有导航系统——甚至也没有欧元。视线再次回到我选定的这位男士身上，他略微尴尬地一笑。处于身边观众的围绕下，无论谁都会多少感觉到一种压力，他开始查看自己钱包里的内容了。

与面对所有观众发出请求相比，从所有观众中选出一个人，让他直接与节目主持人面对面，这样做的效果会更好。原因何在？后文会有更详细的介绍。在上文所举借纸币的例子中，被选中的观众会有多种反应：或者他随身确实带有百元纸币，而且愿意借给我；或者他随身确实带有百元纸币，却不愿意借给我。也许他的钱不够一百元——或者多于一百元，这都无所谓。无论如何，在这位先生堕入我的陷阱后，我稍微停了那么几秒，然后对他说："好吧，不一定需要百元纸币，20 元面值或 10 元面值的都可以。"这种让步简直有一种魔力。就在这一刻，许多观众都伸手入袋，然后将自己的纸币高高举起。时至今日，我还是会采取这种策略，而且屡试不爽。

在这里，我为年轻的读者们提一个建议：如果你们想要更多的零花钱，那么，可以尝试下面这个策略。假设你们每周能得到 12 欧元零花钱，未来想增加到 15 欧元。这个数额仅仅属于举例，随意性很强。我自己的孩子都还很小，还得不到零花钱。现在请注意：你们可以适当提高自己的要求，从而为自己争取更多的机会。最好这样对父母说："亲爱的爸爸，我的零花钱就是不够用。我朋友们都能拿到 18 欧元零花钱。"
如果亲爱的爸爸——或亲爱的妈妈——同意将你的零花钱涨到 18 欧元，
那么，我先恭喜你。这个时候，千万要控制自己的表情。不要表现得太
过于目瞪口呆，也不要让人看出来你有多么开心。应该表现出适度的喜
悦，也不要忘记感谢父母。言多必失！发自内心地感谢吧，然后，摸着
口袋里的钱走开。

　　让我们继续假设，在你提出要求希望将零花钱涨到 18 欧元之后，
父亲果断拒绝。那么，请继续尝试要求得到 15 欧元。在我晚间的电视
节目中，展示这一策略已经成为必有环节。绝对有道理！再说一句来提
醒大家：如果你们要求提得过高，简直是太高了，那么，很可能就会
失败。这种情况下，你的请求会被看作是不切实际或厚颜无耻，会影
响到你在别人心目中的形象。你们以后说的话也不会再引起别人的重
视。一个善于行动的人会适当地提出自己的要求，同时给对方留下足
够的空间。如果一个人做事老练，他就会从对方那里得到——作为一种
许可——一直魂牵梦绕想要的东西。当然，前提是对方没有看过我的这
本书……在这里，我本来可以继续引用许多罗伯特·B·西奥迪尼博士
举的例子。我却不想这么做，想用自己的例子来阐明道理。如果您想读
到更多关于西奥迪尼博士的内容，《影响力心理学》一书不会让您失望，
这本书确实值得一读。

　　这里再写几句，告诉大家如何应对这种方法。不要为了担心受他人
影响，而拒绝所有的免费试用、免费试吃或帮助。如果您愿意，就尽管
接受吧。可是，您应该同时转换自己的视角，从现在起，不要再把这些

礼物看作是单纯的展示，而应该看作是销售环节中的一个小技巧。如果这样去想，您就不会对赠予者产生负疚感。销售者只是想跟您做生意，而您完全有权利接受或拒绝。如果您记住这一点，就不会中任何圈套。在妥协策略面前，同样适用这一原则。一旦您识别出对方的用意，您就可以想您所想。我也可以再重复一次：世界如您想象。

另外一个故事可以清楚地表明，如果掌握在正确的人手里，对比性原则会发挥怎样的作用。故事的主人公是历史上最有名的骗子之一：维克多·拉斯体克。他成功地将埃菲尔铁塔卖给了几个轻信的废品收购商人！当然，这是另外一个故事。这里要讲的是，他如何应用对比性原则：故事表明，甚至黑帮教父阿尔·卡彭在这种策略面前也不能独善其身。

拉斯体克直接找到卡彭，对卡彭说，如果借给他 5 万美元，他可以让这笔钱翻倍。当时，拉斯体克表现得彬彬有礼、风度翩翩，又说一口流利的英语。卡彭就把这笔钱借给了他。两人约定，60 天后，卡彭将会得到双倍数额的回报。可是，拉斯体克拿了这笔钱，却把它存放在银行的保险柜里，自己去了纽约，对外宣称是去那里"工作"。两个月的时间里，这笔钱就这样躺在银行，无论是拉斯体克，还是其他什么人，都没有打这笔钱的主意。拉斯体克本人甚至都没有碰过这笔钱。两个月过去后，拉斯体克从保险柜里取出这笔钱，又去找卡彭。拉斯体克友好地微笑着向卡彭表示抱歉，他说自己没能将借来的钱翻倍。很遗憾，自己失信了。

卡彭明显很生气。他马上就在想，到底该怎样处死拉斯体克，又该让谁来完成这个任务。接下来发生的事情却让他感到很惊讶。拉斯体克从口袋中拿出钱，然后把它还给卡彭。当然还是 5 万美元，而且，就是两个月前卡彭给他的那笔钱。一边把钱递给卡彭，拉斯体克一边说着抱歉的话，说其实很想使资金翻倍。

卡彭不禁对他刮目相看。虽然他没太指望资金翻倍——也没大指望能拿回当初给对方的钱。他一边说："天哪，您可真诚实。"一边给了拉斯体克 5000 美元，以帮助后者摆脱经济困境。拉斯体克感激涕零，大为折服。他深深地鞠了一躬，然后离开了房间。其实，这 5000 美元从一开始就是拉斯体克的目标。这个故事同时告诉我们，友好与善意是多么有效的影响手段！

承诺与坚持

在这里，"Commitment"意味着"确定、同意、恪守"。请您不要奇怪，我在这里用动词来翻译名词。我个人认为，这样的翻译读起来感觉更顺畅，而且更达意。"Festlegung，Zusage，Bindung"（确定、同意、恪守），这些名词听起来不是那么有力。我相信，也正是出于这个原因，"Commitment"这个词才作为专业概念保留了下来，而且越来越多地在媒体中得到应用。

在《蓝象》一书中，我描述过所谓的"少即是多"（Monty-Hall-Dilemma）。您还有印象吗？如果翻译成德语，有时候也可以称之为"羊还是车的问题"。这个例子说明，人们倾向于坚持曾经做过的决定。即使有人告诉他，他的决定也许不是那么有利，他还是固执己见。

　　本书曾经提到一位报纸销售员，他当时巧舌如簧，成功地利用稳定性原则说服我订了好几份杂志。从我这方面来看，如果我不从他那里预订，就没有符合稳定性原则。最后我告诉他，我很喜欢看杂志，也愿意帮助别人。我们当然都想做到言而有信，想表现我们的始终如一。正是这样的追求使这种方法成为影响他人的有力武器。我们不愿意表现得优柔寡断，这一点容易被老练的售货员或其他人利用，也正是这一点也会导致我们自己的利益受损；而所有这一切只不过是为了维护我们的形象，让我们继续自我感觉良好。

　　知道以上一点，可以帮助您避免在海滩或露天游泳池失窃。1975年，两位科学家炮制了以下场景（Moritary，1975）：请您想象夏天的充满活力的海滩，一位沙滩客——实际上是研究人员之一——将毛巾摊平，把衣服、包及收音机放在上面。没过多久，他站了起来，沿着海边散步。现在，一个小偷靠了过来——实际上是另外一位研究人员——直接拿走了收音机。您可以想象，大多数人都会做出什么样的反应，他们袖手旁观，只是将目光移开。20 个人当中，仅仅有 4 个人想办法阻止这起偷窃行为。

　　如果您现在以为，这些人简直都坏了良心，那么请继续读下去。略施小计，大多数人就会阻止偷窃行为。现在，研究人员准备起身去散步，他对附近的游客说："我稍微走开一会儿，请您帮忙照看我的物品好吗？"如果窃贼再来，几乎每个人都会看着收音机，并马上做出反应。

为什么我们容易上当受骗?

　　稳定性原则中也暗含了这样一条原因,为什么人们容易受神医、巫师及江湖术士的吸引。为使大家清楚其中的原因,请允许我稍作解释。

　　如果我们坚守某种观点,生活就会变得轻松。这听起来很容易,实际并非如此。我们必须做大量的思考,然后才能做出决定,因为我们必须面对海量的信息,筛选之后才能得知哪些与我们息息相关。在我们必须面对的所有信息中,至多九条、最少五条才能给我们留下印象;所以,我们的头脑中应该有一种能量节约模式,这会减轻我们的思考压力。这种能量节约模式会带来一种机制,使我们可以更好地应对复杂的日常生活,而这一切都属于一种自然的本能。因此,稳定性也有不好的一面。如果某人善于利用稳定性原则,也会给我们带来沉重的后果。

　　我们继续假设,某人失去了一个心爱的人,因而心情确实非常沮丧。如果能与死者再说上几句,某人做什么都愿意。现在来了一个家伙,他声称自己确实神通广大,能够与死者沟通。某人非常希望这一点能够实现,经过认真的考虑,愿意接受对方的帮助。我们早就知道会这样!稳定性原则在这里变成了一个陷阱，某人已经朝着陷阱迈出了第一步。一旦某人接受了某种巫师或神医的蛊惑，就很难再使他相信这一切只是一场骗局——而且是基于稳定性情感的骗局。骗子首次表演之后，当事人就更加盲信，更难回头。这也是一个原因：为什么坊间流传着众多巫师或神医的神奇传说，他们在传说中都能够化腐朽为神奇。

　　每当我怀疑这一点的时候，都能一再听到这样的话："那请你给我说说看，到底……"然后又能听到一个难以置信的故事。坦白地说，我心里会感觉到一点儿不舒服。我知道，效果才是检验真理的标准。口袋里装着吉祥物或向一位有责任感的占卜大师求救，这确实可以帮到很多人。就我个人而言，我更喜欢与别人聊音乐、吉他、豪车或好看的电视剧——对我来说，最好的电视剧依然是美国的《黑道家族》。可是，有些朋友就是喜欢一再说自己的超现实经历。可以理解——毕竟，我职业生涯的一部分就是建立在超现实的基础上。我承认，超现实是一个吸引人的话题。尽管如此，我个人不愿意就某些神秘现象做出解释。精神导师约瑟夫·多宁戈曾经说过："对于相信这些神秘现象的人来说，根本不需要什么解释；而对于与那些持怀疑态度的人来说，无论怎么解释都是不够的。"确实如此。我们可以将这句话解读为：痴迷于神秘现象的人容不得任何异议，而拒绝相信的人则觉得没有必要就此争论。

　　有人会说："请给我解释一下吧……"后面跟着就会给你讲述一个确实难以解释的事件。原因众说纷纭。故事之一，也许发生在姐夫的妹妹的同事身上。这个故事听起来很精彩，当然就一再被人们转述。可想而知，故事的内容会在转述的过程中远远偏离事实真相。转述过程中，许多细节人们已经无法回忆，所以，一个口口相传的故事最后会走了样——就好像"die stille Post"这个儿童游戏，意思是添油加醋。如果您确实想不起细节，请回答——不要思考——下面这个问题：勃兰登堡门有多少根柱子？顺便提醒一下：德国的 50 分硬币上就是勃兰登堡门的图案。我们天天都把它拿在手里。

另外，我本人并非绝对的怀疑主义者。如果确实在我身上发生，我会相信许多不可思议的事情。请替我说出有"安慰剂效应"的那句话吧——我本人已经习惯这么做了。"效果是检验真理的标准。"您看，您什么都知道！

可是，为什么人们将所谓的神医或巫师挂在嘴边？为什么反方的观点越尖锐，相信巫师神医的人就越是捍卫自己的意见？答案是：稳定性原则又在这里发挥着作用。一旦相信了所谓的巫师或神医，并向这样的人求医问药，我们就会一直走下去，为的是自己不被外界看作是异想天开的人。我们有一个习惯，总是试图在别人面前，也在自己面前为自己辩护。反对的意见越强烈，我们维护自己的意愿就越是坚决。这样做并非总是明智，可是，这就是人性。事情就这样一环一环发展下去。

著书立说者，流芳百世

"好记性不如烂笔头"，这是一句中国谚语。与其他事物一样，这一认识也有其特殊的一面，值得我们为自己所用。也就是说：如果您确实想做到什么，那么，将您的目标白纸黑字写下来吧，这会非常有帮助。

将稳定性应用在我们自身，效果会更好。这也是一个原因，如果落实到纸面上，人们就会用更多的精力去跟踪计划，这远比耽于幻想有效。与朋友谈论自己的计划也不错。我们深信这一点。不久前，我在《世界报》中了解到，有考试恐惧症的人也可以运用"书写"这一方法：专业杂志《科学》载有《心理学——克服考试恐惧心理，一份现实调查》一文。文章表明，短时间书写可以起到帮助的作用，特别是当事人患上急性考试恐惧症的时候。在一次试验中，半数参与者应该写一篇关于考试的短文，而另外一半则先坐在那里，或者写其他与考试无关的内容。

在接下来的考试中，第一批参与者取得的成绩要好于第二批（《世界报》，2011）。

看流星的时候，我们往往会在心里暗自许愿——一种美丽的习俗。我们会告诉自己的孩子，不要向任何人透露自己许的愿——否则愿望就不会实现。如此一来，这种习俗就更显得神秘莫测。可是，坦白地讲，为此保守秘密简直就是荒唐。难道我们仅仅通过保守秘密，就能实现自己的愿望吗？恰恰相反！我在自己的孩子面前采取了另外一种做法。我让孩子们告诉我他们各自的愿望——如果他们愿意的话。我自己从来不告诉他们，是否会相信他们梦想成真。一个人的梦想会激发巨大的力量，我不想大发厥词，免得将这种力量过早扼杀在摇篮中。我指的正是权威的力量，文中其他地方另有涉及。即使我的大女儿沐浴在施塔恩贝格湖里，突发奇想地幻想自己成为大海的女儿；我的儿子希望家里有只母老虎——这里我就不引申到其他笑话了——我的小女儿希望通百兽的语言：我有何德何能，胆敢小看这些美好的愿望？沉默是金，我只能在心里为这些有创意的梦想而高兴。

告诉您一个好消息

下面两句话经常出现在我们耳畔："我有两个消息要告诉您，一个是好消息，另外一个是坏消息。您想先知道哪一个？"亲爱的读者们，这会让我想起来一个问题：到底应该先透露哪一个消息呢？问题的先后顺序——正如您想象的那样——对谈话对象的状态有着重要的影响。请稍微想想稳定性原则，然后再做出回答吧！

也许，下面这个例子会给您提供帮助：1978 年，罗伯特·B·西奥迪尼博士联手约翰·卡西勃、罗德·巴塞特及约翰·米勒进行了一次调查研究，并在研究结果中描述了这个例子。试验过程中，教授们想办法让学生们早晨 7 点起床，然后参加一个关于思维过程的训练。在罗伯特·B·西奥迪尼博士的描述中，试验过程如下：我们能够通过打电话的方式联系到部分学生，可以马上告诉他们试验的时间。这些人当中，只有 24%答应参与试验。对于另外一部分无法电话联系的学生，我们采用了以退为进的策略：我们首先问对方，是否愿意参加一次关于思维过程的调查研究。对方做出回答之后（56%的人做出了肯定的回答），我们才告诉对方试验 7 点开始，同时，我们也给对方留了余地，告诉他们可以随时收回承诺，可是却没有人更改自己的决定。故事继续：95%的学生信守诺言，7 点钟按时出现在心理系教学楼里（罗伯特·B·西奥迪尼，1997）。

　　以退为进的策略意味着，某人可能得到一桩生意或被要求做到什么，一旦做出积极的承诺，又会被告知事情不利的一面。

　　尽管如此，由于稳定性原则，当事人仍然坚守自己的承诺。这种情况就属于高级影响力。结论很明显：请您先告诉对方好消息，务必。

　　有一个办法可以使您不受这种策略的影响：三思而后行！如果所有因素都摆到了桌面上，请确保从根本上予以全盘考虑：现在，我知道了有关事情的所有方面。如果我毫不知情，还会做出相同的决定吗？如果我当初知道，那可怜的东德报纸销售员不仅想做一个无关痛痒的调查，还想游说我从他那里订一份报纸，我还会如他所愿吗？绝不！从真相大白那一刻起，我就会重新保持冷静的头脑，再次抛出我的决定："你花言巧语浪费我的时间。你根本就不是做什么问卷调查，而是想推销你的杂志。从一开始，你就在说谎。我不想和你这种人打交道。再见。"当年，我才 18 岁，应该还没有这样的勇气。今天就有所不同。有一个地方真的自相矛盾：如果坚决地拒绝了一个人对你施加心理影响，这一刻，你显示了对这个人的尊重；如果掉入一个人设的陷阱，最终为这个人所左右，这一刻，所有的尊重即荡然无存。

被社会接受还是一路坎坷

　　布莱恩说："你们都是独一无二的。"——大家说："是的，我们都是独一无二的!"布莱恩又说："你们所有人又各不相同!"——大家说："没错，我们都各不相同!"——一个声音说："我不是这样!"这个对话出自电影《布莱恩的生活》。这个对话目的在于告诉我们，我们在做决定的时候，经常考虑到别人的期望值，希望获得别人的认可。个中准则：这么多人，应该不会有问题。如果大家都这么做，肯定有道理。

　　一天晚上，我浏览着最喜爱的购物网站之一，名叫"HSE24"的一个购物网站，切身感受了上面提到的生活准则。在这个购物网站，顾客可以随心订，还可以让人把预订的送到家里。刚刚，网站上还推荐了一款划时代的、全新的健身器材。不时有人发言，宣称自己在很短的时间里减肥若干公斤。网站上还一再强调，有多少人——我估计至少要上万——在这款健身器材的帮助下发生了基因突变，从米基·洛克的丑陋姐妹摇身一变，成为海蒂·克鲁姆美丽的孪生姐妹。只需要几个星期，就可以轻松地丑小鸭变天鹅。这个广告就成功地利用了我们的心理：如果别人也能证实自己有过相同的经历，那么，所说的某事就具有真实性。

毕竟经过了实践的验证，上文中所谓的市民生活传奇倒也不可小看。难以置信的传说、匪夷所思的精怪故事、伤人脑筋的阴谋诡计，这些都一再口口相传。对我来说，这种现象的奇怪之处在于，这些故事会在流传中慢慢走样。此外，流传得越广泛，就会有越多的人相信这些故事或传说。事实正是如此：与不被经常提到的真实故事相比，一再重复的谣言反而被更多人相信。三人成虎！涉及这么多人，不会搞错？确实，人们往往容易搞错。

不久以前，我自己认为，因纽特人拥有 50 个表示雪的词语。巴伐利亚广播 2 台的编辑们最后告诉了我真相。与德国人相比，因纽特人并没有那么多表示雪的词语。根据《南德意志报》的一篇文章，因纽特人的语言中实际上只有两个词与雪有关系。

这个市民生活传说告诉我们，如果许多人都在讲述同一件事，那么，人们很容易就会被引入误区。人们不可能亲身验证所有的事情，经常只能轻信许多事情的真实性。特别是人类学家、语言学家和科学家言之凿凿，又在著名报纸甚至学校课本铺天盖地发表意见和文章。可惜，许多都值得怀疑！真的！尽管他们的言论听起来颇有逻辑性。

人们通常认为，因纽特人之所以会有如此之多关于雪的词语，原因就在于他们的环境，完全出于环境的要求。这种说法听起来很有道理，却完全属于胡说八道。按照这种逻辑，人们也可以认为，德国人会有50 个与房屋有关的词语。不管怎么说，房屋与风景给德国人的影响，正如雪在因纽特人生活环境中的作用。尽管如此，我们德国人却没有疯狂到发明 50 个词语来表达房屋。我们的办法是发明复合词，以此来辨别事物。我们的词汇中包括高楼（Hochhaus）、双层房（Doppelhaus）、农舍（Bauernhaus）、多户公寓（Mehrfamilienhaus）、木结构房屋（Holzhaus）等。人们称这样的词汇为复合名词或复合词——我想到了就必须写给读者。现在言归正传：您看，尽管许多人都相信一件事情，客观地说，这件事却仍然不具有真实性。而我们却倾向于盲听盲从。

　　不久以前，我本人就进了这样一个误区。一位卡塞尔的客户预约我参加他们的年会。我的报告安排在下午 4 点，对方却要求我前一天晚上就动身。我很奇怪，因为我的报告既没有很高的技术要求，也不需要做许多准备工作。尽管如此，客户仍然坚持我提前动身。我告诉客户说，我认为这完全没有必要。他明确地说："我们组织过许多活动，许多艺术家都没有例外过。"

　　这样的话语就是他的杀手锏，即社会认可度。我只能提前一天动身，由慕尼黑前往卡塞尔，被安顿在一家简陋的宾馆过夜，可也只能逆来顺受。我问是否有可能提供晚餐，前台的女接待员说："如果您想用餐，请朝这个方向步行五分钟，那里就有个加油站。也许您在那里能吃到几根维也纳香肠。"唉，没想到我自己也能被别人搞得目瞪口呆。那个夜晚，我几乎难以入眠。第二天早晨，活动主办方的一位女代表问候我说："哎呀，哈维纳先生，没想到您已经到了。要知道，7 个小时以后才是您的报告时间。"就在这一刻，我真的进入了一种深度催眠状态。您看，我也算得上经验丰富了，有时候却还是会感觉上当受骗。

　　还要跟大家分享另外一个例子：我和我的团队每次都是靠汽车出

行。难免会遇到这样一种情况，我们会在高速公路休息处找洗手间。这里通常都坐着个女人，小桌子上的碟子里放着些硬币。从来不会有 10 分或 20 分的硬币，没有，一直都是 50 分。这幅情景——无须赘述——就告诉来往的过客，如果在这里上洗手间，至少要付 50 分。

演说家兼训练师卡维特·罗伯特曾经说过："在所有人当中，95%属于模仿者，只有 5% 被他人模仿。所以，应该更多地通过行动，而不是言语，来影响 95% 的人。"如果米歇尔·奥巴马（美国第一夫人）在H&M（Hennes & Mauritz AB）时装公司买了一件衣服并被拍照，那么，这件衣服马上就会炙手可热（《色彩》杂志，2011）。少女们会趋之若鹜，导致这种款式的服装不得不一再大批量投产。还是先不批评痴而肥的美国人吧：威廉王子与凯特·米德尔顿订婚，这在英国引发了相同的现象。好吧，难道美国人愚蠢吗？还是英国人不够聪明？并非如此，只能说全世界的人都不能免俗。

同样，这里也适用相同的原则："精力随着注意力而转移。"我们完全可以成功地利用这条原则，以从他人处得到某物，或干脆赚取他人的钱财。

此外，这条妙招也可以用来帮助他人。罗伯特·B·西奥迪尼博士描述了这样一条策略，孩子们如果长时间生活在恐惧中，可以利用这条策略快速降低恐惧感。在一次测试中，参加测试人员为学龄前儿童，他们的共同点是非常怕狗。主持测试者要求孩子们观察一个同龄者 20 分钟，他在这段时间里与一条狗玩耍。仅仅 4 天后，67%的儿童就明确表示，愿意走到狗那里并抚摸它。怕狗的感觉一去不复返了。

　　在第二项测试中，研究人员给孩子们展示了一部电影。电影中，多名孩子的同龄者正在和一条狗玩耍。结果更加值得人期待：能够值得人们效仿的例子越多，这条原则就越能够发挥作用。这就是人们通过研究得出的结论。

　　1972 年，心理学家罗伯特·科诺做过一个类似的试验。试验中，参与者为生性胆怯的学前儿童。其他人一起玩耍的时候，这些生性胆怯的儿童只是聚集在校园边上，他们是我那个年代幼儿园儿童的典型装扮：灯芯绒裤或工装裤。可惜这种恐惧——完全不同于工装裤或灯芯绒裤的昙花一现——时至今日几乎没有任何减少的迹象。心理学家科诺为这些生性胆怯的孩子们拍了一部电影，电影情节发生的地点是一所幼儿园。电影中有一个一再重复的情节：每个场景的最后，起初的边缘儿童都加入了其他孩子，直接参与到游戏中。心理学家科诺将这一结果指给胆怯的孩子们。效果非常明显：相关的孩子们看了电影之后，突然自发地与同龄伙伴玩起来，并最终成为他们中的一员。

　　至于这部电影的长期效应，则更使人目瞪口呆：6 个星期之后，没有看过这部电影的边缘儿童依旧处于孤立的状态；而熟悉这部电影的部分儿童甚至成为最活跃的那几个。这部电影长度仅仅为 23 分钟，而且孩子们仅仅观看过一次——尽管如此，电影的效应仍然非常令人信服，因为这种效应非常持久。

　　就这一意义而言，必须提到重要的一点：如果电影中的主人公是成年人，这些成年人表演加入一个群体或者与狗玩耍，那么该电影就不会对孩子们产生作用。如果电影中的主人公与观众非常相像，则该策略就能发挥最大的效力。相关群体与我们越相像，对我们的影响就会越大，该策略也就会有绝对的效力。

人们建立的各种俱乐部，例如，同一汽车品牌的车友会或相同乐器的音乐俱乐部，基本也按照类似的原则运行。如果对相同的事物感兴趣，这就将使别人对我们产生好感。当然，人们后来会发现，俱乐部里会有许多人与我们格格不入。可是，我们无论如何都会找到志趣相投的人，并与之交流。否则，我们将永远无法与别人开口交流。所有可能的小团体——例如20世纪80年代的朋克运动及其对立面——就是这样形成的。

学生时代的时候，我和一位同学有过纷争。之前，他在我的心目中简直就是个傻瓜。可是我后来听说，他对音乐和我有着完全一样的理解，我突然就很难再认为他愚蠢了。不知怎的，我很快就和他有了交流，他突然对我有了魔幻般的吸引力。接下来，我对他的看法有了些许的改变，可是这并非根本性的改变，而且也不持久——他真的就是个傻瓜……可是：如果对音乐没有相同的认识，我们两个也不会进行专业知识的交流。

其他因素——如相同的生日或出生地——也会增加双方的好感度。请您想象一下，您偶遇了一位陌生人并发现，他和您有着相同的生日。与了解这个共同点之前相比，您会更加愿意对这位陌生人施以援手。这一切都只是因为你们双方有着某种共同点。而这只是其一。一旦您发现，您和这位陌生人还有一位共同的朋友，双方之间的好感度又会有所上升。

外界因素会影响双方之间的好感，在另一次参观了解中世纪骑士训练的过程中，我对这一点有了进一步的认识。那是在一个大型比赛场地。观众被分成了几组，每个组都分派了一位骑士。尽管分派非常任意，每组成员之间却马上产生了一种共同的感觉。无论您相信与否，我们短短数秒之间就团结一致——甚至不需要言语的交流——只为己方的骑士欢呼呐喊，同时对竞争方的骑士发出嘘声。这种经历使我陷入了沉思。如此短的时间内，就有可能通过一句话影响众人，好像有一只魔手在影响着众人，大家都对本组的灵魂人物亦步亦趋。

至于个人如何获得他人的理解并获得他人的好感，这都写在"情感协调"一章。我已经向大家介绍过，为什么有的人虽然很在理并且言之凿凿，却因为态度粗鲁而处于下风，在态度友好一方面前不占优势。即使后者的说辞不是很有说服力，而且处于理亏的状态。

在一个谈话节目上，如果分属于两个不同党派的成员不期而遇，首先应该适用"对比性原则"。可是，马上会有另外一个因素起作用：一个人的特征标志会让我们联想到好多其他方面的东西。因此，如果我们带来的是不好的消息，就会处于尴尬的境地。在这种情况下，负面消息也会感染我们。这是一条古老的哲理。出于这个原因，骗子往往会大行其道。他们只需要阿谀奉承："我可以与您身边的亡者对话；我有解决您问题的办法；我会使您发财、幸福或苗条。"诸如此类。我们每个人都有自己的弱点。一旦骗子的承诺触及我们的弱点，就会很有煽动性，就会使我们对这些骗子产生盲从心理。

甚至广告也一直在利用联想原则：外表帅气的人应该驾驶豪车，外表俊秀的人才会言之有理。海蒂·克鲁姆大吃特吃，为麦当劳做广告；而薇若娜·普斯则参与《11880》的制作。您能想象吗？一旦男人们看到广告牌上的香车美女，就会认为这是一部马力强劲的汽车。确实如此。看到广告这一刻，您的大脑已经停止运转，完全靠情绪行事。

当然，整个事情也可以朝另外一个方向发展：一件事情如果与俊男美女或有魅力的人联系起来，就会被认为不仅仅有更强的吸引力。如果您让某人有了美好的经历，就会赢得某人的好感。当然，您不需要选择非常疯狂的方式。一次晚餐之约就已足够，好感自然伴随而来。所有曾陷入热恋中的人都会了解这一点。第一次约会使恋爱双方近距离接触，约会地点通常是一座优雅漂亮的餐馆，可以在那里享受美食。餐馆确实是最理想的处所。如果换作募捐或其他请求帮助的场合，这样做也同样奏效。正是出于这一原因，盛会上的募捐活动总是安排在进餐之后。为什么？一方面，这里适用相互性原则；另一方面，联想也发挥着它的作用。这是一个完整统一的策略，它甚至有一个合适的名字：美食策略。

我们很难消除对一个人的好感。我们所有人都希望得到他人的喜爱。这些情况下，只有一个可能性——退一步问问自己："为什么我对这个人特别有好感？他夸奖我了吗，还是我与他有什么共同点？他请我吃东西了吗？"如果确实如此，那么请您想清楚，对方推销的产品或提出的要求与所谓的好感没有任何关系。及时抽身吧，即使不是那么容易。在这一刻，您要把注意力放在事情本身上面，而不要从人这个角度来关注对方。

权威

您还记得，我的催眠导师曾经怎样把我介绍给观众吗？他当时说：
"现在，站在诸位面前的是我所知道最著名、最优秀的催眠大师。"这完
全是赤裸裸的谎言，当时是我初次登台，之前从来没有尝试过类似的催
眠表演。当时，我的导师只是利用了"权威"原则。如果某人善于做某
事，或有较高的声望，那我们就会抱着相信的态度，机械地服从对方的
指令。当时我的催眠导师用那种方式把我介绍给观众，仅仅这个事实就
完全说明了这一点。试验人员会抱着参与的心理，很容易就进入催眠状
态，因为他们认为，我就是一位催眠大师，而且说服自己接受了这一所
谓的事实。

根据所谓的"权威"原则，可以适当采用一些象征权威的手段，以
在对方面前建立权威感。一旦某位男子锦衣华服、出入豪车代步，又拥
有博士头衔，这些外在特征——顺便说一下，这些特征几乎不能说明对
方的真实性格——就会长久地影响我们的观点。这当然和浅薄没有任何
关系。即使只是感觉到丝毫表象，我们也都会毫无例外地陷入窠臼，急
匆匆地表现出对权威的服从。如果您觉得，自己从来不会被表象欺骗，
那么您现在应该保持警醒。原因很简单，几乎所有人都会低估权威人士
对自己行为的影响。

关于这一点，罗伯特·B·西奥迪尼博士做过一个非常著名的服从
试验。试验中，以一件白色的外套和一个博士头衔作为手段，诱使人们
对孤立无助的人施以痛苦而危险的电刑。试验时间为 1974 年，地点是
耶鲁大学，最终以"米尔格拉姆权力服从试验"这个名字载入了史册。

米尔格拉姆权力服从试验

试验过程如下：试验小组在报纸上刊登广告并招募参与者前来耶鲁大学参与记忆力试验。到达实验室后，试验参与者见到一位教授——头衔清清楚楚、身穿白色工作服、手里拿着文件夹——及另外一位试验参与人员。简单问候之后，教授向众人解释即将发生的试验："试验内容关于'体罚对于学习行为的效用'。"之前到场的那位试验人员——其实是一位演员，对其他人秘而不宣——将拿到一张试题卷，并要熟记下来。也就是说，他将扮演学生的角色。其他人员被告知，他们的任务是考问试题卷上的内容，也就是说，他们扮演了教师的角色。在学生熟记试题卷的内容之后，他被安排坐在一把椅子上，并被牢牢固定住，没有任何可能站起来。此外，他的手臂上还固定有电极。现在，教授与扮演教师的试验参与者走到隔壁房间。

教师开始对学生提问。每次回答错误，教师都要对学生施以电击。尴尬之处在于：每次回答错误，电击的伏特数也会随之提升。几次错误回答之后，电击的疼痛使人难以忍受。学生请求教授终止试验，后者却坚持将试验进行到底。又几次错误回答及电击之后，学生蜷缩在椅子上大声叫喊，呻吟着请求结束试验。可是，无情的电击在教授的命令下接踵而至——一直提高到30伏特。即使学生无法继续回答问题，教授也命令将

其余题目视为错误回答，继续对学生施以电击，直至试验以悲
惨的结局收场……

这个残酷的试验确实如此进行。实际上，试验的目的也不在于检验
学习过程，而是调查人们对权力的服从情况。如果权威下达了指示，人
们会怎样对待无辜的人，他们会走得多远？试验结果令人非常不安：实
际上，演员所扮演的学生并没有遭受到电击，他只是在模拟电击的表现
而已。实际接受考验的反而是试验参与者扮演的老师——他按照教授的
指令对学生施以电击。

试验结果：在所有试验参与者中，2/3 的人都忠实地执行了命令——
无情地执行，一直到试验以悲惨的结局告终。只有 1/3 的人表现出对学
生的同情，并从某个时刻开始拒绝继续对心目中的学生施以电击。另外，
参加试验的都是普通市民，他们在之前的生活中从未感受过暴力行为。
"试验最重要的结果在于认识到，如果受到权威人士的要求，成年人愿
意以极大的热情执行几乎所有指令"（米尔格拉姆，1974）。

最初，米尔格拉姆只是想验证一下，为什么德国有许多人愿意服从
纳粹的残酷命令。米尔格拉姆想检验人们的服从度，并加以模拟再现。
在耶鲁大学进行这项试验之后，他得出结论，认为自己不必亲赴德国调
查。在美国，试验人员都表现出了无条件的服从，米尔格拉姆觉得再去
德国夯实相关理论，就纯属多余了。

一言以蔽之：我们重视权威人物的所有要求，并服从这些要求。原
因在于，我们从孩童时代开始就被要求服从：你要听妈妈的话，要听爸

爸的话、听祖母的话、听祖父的话、听老师的话。通过这种方式,我们一旦面对权威,头脑中马上就会有一种条件反射。对于一个社会来说,这种条件反射当然非常重要,怎么说都不为过。如果陷入险境,服从权威是一种值得推荐的选择。

从权威人士策划恶行那一刻起,事情就朝着残酷一面发展:神职人员或教师利用他们的权威虐待儿童,而且试图掩盖他们的恶行。政府高官们用博士头衔装饰自己,而骗子则穿上白大褂,没有行医许可证就肢解人们开放的心灵。权威人士的力量,即使邪恶的权威人士,也属于高不可测。正因如此,才会导致极荒谬的情况发生。

人们曾在医院里做过调查研究,结果表明:即使护理人员清楚,主任医师的指令不完全正确,也会坚决执行。过去就曾经发生过开错药品的情况,非常荒谬的是,只是因为主任医师的意见,就把眼药水用在病人的身体下部。这个案例名字叫作"假性耳痛",已经被载入医疗史。

迷恋歌德会损害健康

早在 1774 年,约翰·沃尔夫冈·冯·歌德就亲身证实,这种说法自有其正确性:理查德·威斯曼著有《怪诞心理学》一书,他在该书中提到了伟大诗人歌德的《少年维特之烦恼》,描述了该书对于诗人当时所处社会的影响。

《少年维特之烦恼》属于狂飙突进时期的重要作品。作品主人公是一个年轻人,他爱上了一个姑娘,而这位姑娘却早已订婚。维特对这位姑娘的爱是那么深沉，最后竟然不惜结束自己的生命，他知道：他们的爱不会有结果。这本小说出版后，获得了巨大的成功。小说的描写非常有感染力，许多失恋的年轻人模仿小说中的情节自杀弃世。最终，因为激情自尽的年轻人实在太多，作品不得不被禁止出版。

从此以后，科学界对这种现象的讨论针锋相对。一些科学家认为，这完全是一种心理感染；而另一些则说，所有读者都处于半疯狂的状态。可以证实的是，在当时统计到的自杀者当中，共计有两位数之多的案例与《少年维特之烦恼》有直接联系。部分自杀者的装束还完全模仿主人公维特：蓝色的燕尾服、黄色背心、黄色裤子、马靴及灰色帽子。在《歌德》这部电影中，歌德的扮演者大部分时间内也都是如此装扮。对我而言，这部电影又是一个很好的证据，它证明德国导演同样可以拍摄优秀的影片。还是回到主题吧：有些模仿维特的自杀者手中还紧握着《少年维特之烦恼》这本小说。

1974 年，美国社会学家大卫·菲利普引入了"维特效应"这个概念。他研究了著名人物自杀的案例，分析了这些案例对于自杀现象的影响。他搜集到的所有案例表明，这些案例会提高自杀率。

20 世纪 80 年代，德国电视台播放了一部系列剧，名字叫作《中学生之筋》。在这部 6 集系列剧里，人们从不同的视角分析了中学生自杀前的生命历程。这部电视剧播出后，15—19 岁年轻人的自杀率上升了175%。之后又有重播，又增加了 115%。真是难以理解！甚至在美国也有类似的报道，节目播出两周内，自杀率上升了 30%。播放官员名人及其命运的报道之后，节目的社会影响更为明显。例如，美国的影星玛丽莲·梦露，在她离世之后，自杀率上升了 12%。

　　出于这个原因，德国媒体委员会在章程中请求媒体人克制，在关于自杀的报道中不要大肆渲染。对公众透露的自杀细节越多，模仿自杀者也就越多。人们已经慢慢地了解了这一点。所以，报纸上通常不提及自杀者的名字、地点及相关细节。因为这是社会范例消极的一面。现实与受众自身的类似性是一个重要因素，这种类似性起着非常重要的作用。另外一个重要因素——我们马上就将看到——是人们的不安全感。

救命真言

　　以下文字来自于罗伯特·B·西奥迪尼博士的研究内容，据他本人认为，这也许是他获得的最重要的认识："社会范例"原则着眼于这一事实，即人们总是以周围的环境指导自身行为。为什么人们可能在街头或轻轨里被殴打致死？为什么人们可能突发心肌梗塞，却无人问津？"社会认可度"原则正是主要原因。有一点让人感觉自相矛盾：就某一事件而言，目击者越多，个人介入的概率就越低。所有人都在观察身边众人的反应。如果没有人有勇气率先伸出援手，结果就是无人作为。之所以会发生这种情况，原因并不在于人们缺少同情心或内心阴暗——绝非如此，原因仅仅是大多数人内心缺乏安全感，他们在极端情况面前感觉无能为力。一旦有个别人挺身而出，冰雪就会消融，第一块多米诺骨牌应声而倒。突然，许多人就会纷纷伸出援手。

　　亲爱的读者们，我不希望你们陷入任何一种困境。可是，如果您真的在人潮汹涌的街头遭遇不测，一种认识——无人帮助的原因是缺乏安全感——会帮助您脱离困境。方法就在于设法使人不产生任何不安全的感觉。让我们假设下面一种情况，您正在乘坐轻轨，却感觉身体不舒服，那么，请您在乘客当中有目的地选择一位并与之交谈。通常情况下，对方都会感觉有责任回应，并积极与您沟通交流。对方清楚地知道，您说话的对象就是对方本人。当然，您无论如何都要使对方清楚地认识到这一点。您最好这样开口："穿红色夹克，而且金黄头发的那位，我现在需要您的帮助。我感觉自己马上不行了，请您帮我叫辆救护车好吗？"利用这样的求助方式，您完全可以消除对方任何的不安全感觉。当然，成功求助的前提是在座必须有一位穿红色夹克而且金黄头发的乘客。您不必熟记上面这句话。您只需要在乘客中选择一位，感觉他最有可能施以援手的话，就开口描述他的外表吧。被描述的对象发现您描述的正是他本人，他就会明确感觉到您的请求。利用这种方式，您就可以大幅提高获得他人帮助的可能性。

果然让人感觉亲切！

几个月前，我做客脱口秀节目《麦施贝格身边的人》。节目的主题是"超现实力量：神秘主义还是荒诞不经"。请您想象下列场景：一方阵营持反对态度，坚决反对只存在于神秘思想中的所有事物；另一方阵营则包括巫师、神秘主义者和药剂师，他们执着于寻求非常规医疗手段。对我而言，这个脱口秀节目完全陷于无意义的唇枪舌剑。节目参与者在这里夸夸其谈，例如，"我能与每个亡灵进行沟通"——巫师吉姆如是说——有人反唇相讥说："神秘界活跃着两种人，一种的确坚信自己拥有某种超自然的能力；另外一种人知道他们自己实际别无所能，却善于利用别人的担忧大发其财。"科林·戈特纳博士认为：前一种人可以用来作为精神病患者的案例，后一种人则应交由检察官处理。两个阵营你来我往，争论得异常激烈。它们倒是有一个共同点，都确信真理掌握在自己手中。

一方宣称，自己在神秘主义领域基本上无所不能；另一方则持反对意见，认为利用这一领域的人要么是骗子，要么属于犯罪。从"相反性原则"来看，这两个阵营勾画出一幅有趣的画面：与第一印象相比，两个阵营实际上更为相似。从客观角度来看，节目中的两个阵营完全属于荒谬对荒谬。猫转着圈咬自己的尾巴，局势僵持不变，人们的认识止步不前。两个阵营都先入为主，完全把目光局限于对方的观点。这恰恰有违科学的观点，至少为否神秘主义者所反对。真正的科学只能秉持开放的心态，而绝非固执己见。据我看来，具体真相只能存在于两个阵营的某个中间点，而不是绝对处于任何一方。

相反性原则告诉我们，世间万物都有两面性。矛盾即事物本身包含的对立又统一的关系。在上文举的例子中，矛盾双方为爱与恨。有爱的地方，恨很快就会生长发芽。一方无条件地沉迷于自己追求的生活主题，而另一方则越发鄙视对方的智慧。最终，所有对话都转为互相攻击。而一旦我们从两极向中间过渡，就会在某一个时刻将极端情绪转化为倾向或拒绝。如果继续向中间状态前进，感情就会定型为"很喜欢"或"并非很喜欢"。根据相反性原则，所有这些评价都是同一事物的不同状态而已。这里也同样适用"大一统"原则。

请读者原谅，我在这里稍微延缓笔触，为的是更加清楚地表达我的观点：上面提到的两个阵营都各自固执己见。没有一方说得正确，也没有一方说得不正确。双方都是各自理念的俘虏，表现得势均力敌。一方愿意接受一切，另一方则怀疑己身之外的任何事物；一方绝对地开诚布公，容易受到伤害，而另一方受伤则是因为追求绝对的真相。这些无论如何都算不上是客观思考的结果。两个阵营都想表现得与众不同，却因此毫无区别——真是绝妙的自相矛盾。对我来说，这个节目有两点值得关注：

◆ 在科隆录制完当期节目后，我错过了飞往纽伦堡的航班。因为有雾，我又在纽伦堡机场安坐了 8 个小时。接下来，我用笔记本看了一整集的《明星伙伴》，又错过了本应该在纽伦堡参加的节目。在我的艺术人生中，这次经历可真是前所未有！我之前从来就没有迟到过，根本没有！

◆ 电视观众对这个节目的反应很快就一清二楚：批评神秘主义的一方结局不妙。他们的观点属于老生常谈，而且让人感觉他们自以为是。在我的朋友圈里面，有些人其实不认可神秘主义的说法，却觉得本期节目中的神秘主义一方更为和蔼可亲，与批评神秘主义一方的苛刻言辞相比，他们更愿意接受神秘主义者的观点。原因很简单，批评的一方很容易情绪失控，会怒斥意见相左的一方，对于对方提出的观点会大摇其头，甚至大发脾气。批评的一方甚至说："物理学家不需要去相信什么，物理学家通晓世界万物。"而神秘主义一方则表现得更为从容，他们一直保持彬彬有礼、镇定，能语气平和地说出他们的观点。

请您想象一下，您现在打开电视，看到节目里一群人正在讨论着什么。一些人话语中透着不尊重，出言不逊，做着过分的手势；而另外一方面对对方持续的抨击，回答中却透着深思熟虑。您会更喜欢哪一方呢？

由此就要说到主题：亲和力。我的观点：如果您对某人有好感，就会更容易被某人说服并受其影响；相对而言，虽然另外一个人言之有据，您却甚至不愿与他共同坐在一起。这个现象很合乎逻辑。我们都很清楚，自己更愿意与自己喜欢的人在一起。很自然，我们喜欢谁，谁的观点就更能影响我们。原因何在？您对此应该有更多的了解，以便在类似的情况下清楚，自己应该选择何种态度。某人在什么时候让我们感觉亲切？什么时候面目可憎？

我们心目中的好人

无论是否情愿，许多不知名的因素都会影响我们，影响到谈话伙伴在我们心目中的形象。无论产生偏见，还是做出判断；无论深思熟虑，还是贸然决定。在您的心目中，谁的知识更扎实些：是苏菲吗？还是香坦儿？请读者别误会，我对这两个名字并无恶意。我知道，您想说什么。坦白地说，我的孩子中没有人叫苏菲或香坦儿——我的儿子更不可能，所以我只是抛出问题，回答并不重要。

　　名字会给我们带来联想，会导致我们进行惯性思维。早在 20 世纪 60 年代末期，研究者就试图发现，关于名字的惯性思维到底会走多远。研究结果表明：如果名字不同凡响，就更会吸引他人的心理注意力。研究还表明，如果中小学生的名字令人喜爱，就更容易得到老师的好评，名字不受人喜爱则相反。如果名字不受人喜爱，人们在社会上更容易被孤立，更容易有不被人尊重的感觉，而如果名字流行则相反（赫特曼、尼古拉、赫雷，1968）。

　　幸运的是，我直到 25 岁左右才远赴美国留学。在这个年龄段，我已经建立了稍许的自信，因为托尔斯丹（Thorsten）这个名字在英语区确实并不流行——主要因为名字开头的"Th"这两个字母。另外，加州大学圣地亚哥分校的科学家发现，一个人姓名的开头字母甚至可以影响寿命。科学家们将研究对象分成两组，一组名字的开头字母会产生积极的联想意义——如"Joy"意味着快乐或"Hug"意味着拥抱——另一组的名字会产生消极的意义，如"Pig"意为猪，而"Die"则意味着死亡。您知道，美国人习惯将第二个名字缩写，如约翰·F·肯尼迪，JFK。此外，还有人借助于数据库分析了加利福尼亚的人口死亡情况，结果令人目瞪口呆：如果名字的开头字母有"积极"联想意义，男性会超过平均寿命 4 年，而女性则超过 3 年。调查结果还显示，如果名字的开头字母引起"消极"联想，名字的主人不会遭受任何损失。他们会达到平均寿命值，却拥有更高的自杀率！

　　这一结果表明，有些因素始终相伴我们左右，并潜移默化地影响着我们的反应。无论如何，除了"是"和"不是"，在我们听到的内容当

中，几乎没有什么比我们自己的名字更为频繁。正如我们所见，名字对
我们的生活观念和行为有着重大影响。我们完全可以利用这一现象，例
如，为他人取一个有所裨益的名字。请想象，您给自己的孩子一个昵称，
听起来积极向上的那种昵称。请不要毫无想象力地称孩子为"宝贝"，
而是应按照孩子的喜好来选择昵称。例如，我的儿子非常喜欢《夺宝奇
兵》的主人公印第安纳·琼斯。他年龄还太小，不可能了解所有的电影，
可他就是很喜欢这部冒险片里的人物形象。这一点我完全理解。我告诉
儿子，印第安纳·琼斯不仅是出色的冒险家和寻宝家，还是一位充满智
慧的教授。从那以后，我时不时就称儿子为琼斯博士。我认为，这不仅
是一个帅气的外号，而且给人以力量。这个名字说明，我很信任我自己
的儿子。

另外一个例子：我的祖母有一位双胞胎姐妹。您要知道，我和祖母
关系很好。曾经有许多年，我就住在祖母楼下，我们相处得非常好。不
知哪一次，祖母和她的双胞胎姐妹感容颜易老、叹韶华易逝。从那以后，
我和我当时的女朋友——现在的妻子——就直呼她们为"黄金女郎"。
后来，她们甚至也这样称呼自己。与"老家伙"相比，这个称呼能给她
们带来更多欢乐。这个称呼虽然没有忽视她们的实际年龄，却能为名字
的主人带来乐观的心态。无论对我们，还是对祖母姐妹二人，这个称呼
都能带来良好的感觉，使我们祖孙关系更为亲密。这一切都只在于，我
们能够从基本特征加以诸多引申，能够从名字引申到性格特征。

当然，一个人的外貌也能左右他对周围环境的影响。与身高更高的
人相比，低于 1.65 米的人不被认为会做出更大的贡献。从客观角度来看，

这种看法不可能完全合乎逻辑。但是，这种说法却有一定的市场。一位雇主很可能会在无意识中受到这种印象的影响，这就足以说明问题。

美国前总统老布什想必当时也清楚这一说法。1988 年，老布什在总统竞选过程中参加电视辩论，竞选对手为米歇尔·杜卡斯基。老布什与对方超长时间地握手。人们背后猜测，这是老布什竞选团队精心策划的一个环节，目的是向选民们展示老布什的身体优势。我们的头脑中不知何处会有一种程序般的想法，它告诉我们：与身高不理想的人相比，身高较高的人会更有力量、更有效率、更能承受压力，而且更有魅力。

对我来说，情况似乎不妙。作为一名身高 1.72 米的男性，我处于身高分界线的下端。每次我请男性观众上台到我身边，都能深深地感受到这一点。上台的观众几乎都能超过我的身高。好吧，事实如此。

顺便说一下，关于身高的看法会导致两种结果。我们想必会认为，有能力的人一定身形高大。这当然属于胡说八道，却作为一种偏见深入人心，以至于人们很难完全摆脱它的影响。可是，世界正如我们想象，我们只能面对并接受现实。这一偏见似乎还会影响到我们的账户余额：2004 年，慕尼黑大学做了一项调查。调查结果表明，身高每增加 1 厘米，月净收入就会增加 0.6%。如果您因此担心自己的身高，其实大可不必。尼古拉·萨科齐、达斯汀·霍夫曼、汤姆·克鲁斯、麦当娜，他们尽管身高都在 1.70 米以下，却都在各自的领域颇有建树。

现在，我们确实会感到奇怪：我们对一个人身高的估计，会随着他用何种头衔做自我介绍而不同，而且会与实际情况有出入。如果有人向我们自称为专家或学术权威，我们当然认为他们的身高超过失败者或一无是处的人（威尔逊，1968）。在一所大学，人们把同一个人介绍给不同的学生群体，却冠以不同的头衔与职业，如顶尖科学家、大学生、助理及讲师。

被介绍人的社会地位越高，其身高就越能给人留下深刻的印象。作为学生，人们估计其身高为 1.72 米——低于被介绍人的实际身高。而如果人们将其介绍为教授，其身高会被估计为 1.82 米，增加了 10 公分。正如之前强调过的一样：每次介绍的都是同一个人！马尔科姆·格拉德维尔在《眨眼之间》一书中写道，在 1921 年的总统竞选中，沃伦·哈丁仅仅因为相貌出众，就在狂热的脱衣舞娘们的支持下登上了总统宝座。历史学家们一致认为，沃伦·哈丁是美国历史上表现最糟糕的总统。如果不是仪表堂堂、身材高大，人们根本就不会考虑他，更不会拥护他担任这一职位。这一类型的人——在我们眼中属于相貌出众——会赢得更多好感。我们把这种不公平的现象称为沃伦·哈丁效应。也就是说，如果看到有魅力的人物，我们的感觉及思维就会受到巨大影响。格拉德维尔是这样描述的："他的外貌引起了人们的诸多联想，正常思维戛然而止。"

我还知道更多的例子：在西方国家，与满面胡须的人相比，面部刮净胡须的男性被认为更诚实。胡须会使人联想到卫生状况不佳、狡猾与阴谋诡计等。这虽然从客观角度来看纯属无稽，可是，效果是检验真理的标准。就这一点而言，请读者将萨达姆·侯赛因或本·拉登的照片与基多·威斯特威勒或安吉拉·默克尔的照片相比较。好吧，提到默克尔女士，这是我开了一个小小的玩笑。在福布斯榜单上，最富有的 100 个人都是脸洁须净；好久以来，在成功施政的美国总统中，没有人留着络腮胡或小胡子。在 20 世纪 30 年代的德国，有一位著名政治家留着小胡子。虽然如此，这却没有阻止他将权力攫取到手中。恰恰相反！

与相貌平常的男性相比，相貌出众的男性如果卷入司法纠纷，法庭会给予他们较低的刑罚（斯图尔特，1980）。罗伯特·B·西奥迪尼博士通过案例告诉我们，如果面对相同的罪行，与相貌堂堂的犯罪嫌疑人相比，丑陋的犯罪嫌疑人会有双倍的机会被判处徒刑。在另外一个调查中，人们研究罚款金额与被告人魅力之间的关系。人们认识到：丑男平均须支付 10051 美元，而俊男则只需支付 5623 美元。请注意，他们都触犯了同一条法律。

上述案例属于消极影响案例。我们当然知道，外表出众的人不会想当然的更聪明、更有效率——尽管如此，我们还是会一再迷恋于他的外表。您必须想到的是，单纯迷恋外表会有致命的后果。如果不想陷入外貌的陷阱，最好的办法就是在思想上后退一步，让自己清醒地抵制这种惯性思维。下一步，我们应该认真思考，确定自己是否正面对这样微妙的影响。当然，美貌对每个人来说都意味着不同的内容。

产生好感的另一个因素是相似性。相似性甚至可以说是最重要的因素之一，足以说服谈话对象。一个人和我们越是相似，我们就越对他有好感。相似性可以体现在外表方面，也可以通过服装风格来体现。让我们假设，您现在正在停车场，身边缺少 50 分来付停车费用。此刻，您最好将目光投向与您穿着打扮类似的人。如果您向这样的人发出请求，得到帮助的可能性必然会大大提高。

揭开权威人士的面纱

如果您自己有成为骗子的冲动，那么，请您务必注意以下一点：无论如何也不要追求完美。我完全可以想象，读到本章最初几个例子，您的头脑中会考虑：我不会盲目追求豪车、华服和令人难忘的头衔！一方面，一系列试验已经证明，您也不能免俗；另一方面，我已经有意识地专门加以强调。我的用意很简单，希望您在阅读本书内容的时候保持警醒状态。一旦有人夸夸其谈，我们就应该谨慎行事。如果表现得太过完美，要么让人感觉无聊，要么会让我们侧耳倾听。就对别人的效果而言，这两种情况都不够理想。如果一个人表现得太过完美，他要么很快流于阿谀奉承，要么会引发他人的嫉妒心理。而嫉妒是这样一种东西，我们既不应该自己拥有，也不应该在他人内心引发。千万不要。一旦某人产生了嫉妒心理，他就很可能花很多时间，试图发现我们身上的漏洞。人非圣贤，小小的错误反而会使我们显得可亲、易于接近。请您千万不要低估嫉妒的破坏性力量。

丹麦哲学家索伦·克尔凯郭尔这样告诉我们："某人艳羡某种状态，却发觉无论自己如何努力，都无法达到同样幸福的状态。他只能选择对这种状态产生嫉妒心理。没过多久，他就会使用另外一种语言。在这种语言里，本来赞叹不已的东西变得一无是处：要么愚蠢，要么令人难堪，要么给人以压力。其实，赞美应该是发自内心的幸福宣言，而嫉妒则说明了内心的不幸。"

在这里，我无意评价任何一方。我的建议是：请您向他人展示自己的弱点，至少也要坦承其中一个。一旦就职推荐信通篇充斥着赞美之词，面试方的人事主管必定会产生怀疑。如果推荐信中至少有一处说明求职者的缺点，实际上对求职不无好处（科诺泽，1983）。

　　这对您来说意味着：您应该承认自身存在弱点；如果无伤大雅，您也可以就自己感受到的压力诉苦。如果您确实曾看到有人在垃圾中翻捡，并最终找到点什么，这将极大地缓解您的心理落差。罗伯特·洛林著有《权力的48条法则》，他在书中非常充分地描述了这一点。他说："就像获取权力一样，其他人也可以发财致富。可是，过人的头脑、俊秀的外表、魅力——如果没有这样的资质，也不必过于担心。倘若天生丽质，人们还必须大费周章地掩藏自己的光芒，也还必须向别人展示自己这里或那里的不足，以避免嫉妒在他人心中生根发芽。有一种认识无比荒谬却广为传播，即人们可以向他人夸耀自己的天赋：实际上，他人会因这种夸耀而心生嫉恨。"（洛林，2006）

　　您也可以利用曲线救国的方式来发挥权威的力量。如果您自己不想做出决定，可以把皮球踢给顶头上司。让我们假设，一位顾客给您打电话，希望能够就某种商品讨价还价。您却不想与顾客直接交涉。无须与顾客直接对立，也不需要对顾客说没有还价的余地。您可以采用一种温和的方式应对，而且还可以赢得顾客的理解。您只需要对顾客说，您不能自行做出决定，而是必须向上级请示。如果您自己就是所说的上级，则可以请同级别的同事与顾客对话。无论如何，您都必须借助于上级的力量。上级自然会拒绝顾客讨价还价的要求。

　　请您不要小看这种方法。这一方法几乎总是会在对立的一方那里奏效。如果警方谈判代表将责任推给上级，人质劫持者也无法拒绝。在我自己家里，情况并无二致：每当孩子们想要点什么，而我又不想妥协，就总是会说，我必须先和他们的母亲商量一下。最后，当然是孩子们的母亲一言九鼎。

　　在晚间电视节目中，我经常请求观众不要相信我所说的一切。在座观众中总会有一些怀疑者，这个时候，他们就会自以为是地点头称是。可是没过几分钟，我就凭借自己有说服力的言辞使观众落入了我的圈套。许多人一直抱着相信我的态度，直到我使他们面对真相，并承认我在此期间耍了小小的花招。这就是权威人士的力量，而且非常令人信服。有趣的是，客观事实正是在这个节点放慢了进入人们头脑的脚步。基于我在舞台上的权威性，"普通"人通常对我深信不疑，这实在有点儿不正常。可他们确实心甘情愿。与此相反，魔术师们认为我毫不例外地——始终——借助了魔术的手段。这样说也不符合事实。魔术师们总是不时地问我，在《特别专题——RTL 新闻报道》或《轰动——新闻报道》等节目中，我如何成功地发现了说谎者。他们一定想知道，我在节目中使用了什么魔术手段。他们就是不愿意相信我的说法：根本没有任何魔术手段。我只是使用了一些方法而已，这些方法在我的著作中都曾多次加以描述。在我的节目中还有一个找大头针的环节，同样没有什么神秘之处。许多魔术师想知道，我到底用了什么方法，能够如此之快地找到藏在观众中某处的一个大头针。可是，这个环节中确实没有不可告人的地方。唯一的秘密就在于，我特别集中自己的注意力，进退皆有策略，而且为之练习了很久。

　　就"情感协调"而言，每一种情况下的权威人士都有莫大的影响力：

几乎总是较高级别的人在发号施令，而较低级别的人则言听计从。如果您想在与他人面对面的时候保持自尊，就应该按照第一章中的描写来行事。请您时刻问自己，对您来说，一位所谓的专家所给出的建议到底有何种好处。此外，您还应该问自己，如果您是在另外一个场合认识这个人，还会愿意相信他吗？如果别人没有把他作为专家来介绍，您又会做何反应？此外，在与专家们交往的时候不去想象他们的权力符号——如白大褂、西装或制服，如公务车与头衔——也将帮助您保持清醒。如果确实能保持清醒，您还会一如既往地相信对方吗？还是会对对方产生怀疑的态度？

手段不足

我可以告诉大家，我的孩子们有很好的餐桌礼仪。他们非常有礼貌，很少在嘴里填满食物的情况下讲话。如果餐桌上有足够自己喜爱的食物，他们会首先考虑到自己的兄弟姐妹及父母。可是，如果他们特别喜爱某种酸奶，餐桌上又仅仅剩下一盒，那么就会发生悲惨的世界大战。之前还很可爱又有教养的孩子们变了样，他们忘记了宽容，彼此闹个不停。如果桌上有五杯这样的酸奶，他们反倒可能会视而不见。现在却为了一杯闹来闹去。亲爱的读者们，您熟悉我说的这种场面吗？制造稀缺局面，就很有可能对人施加影响。按逻辑来说，能够影响我的孩子们的只包括酸奶、巧克力、小熊糖等。如果稀缺的是酸奶奶酪和菠菜，则根本不会引起孩子们的注意。

　　节目中，我在许多环节采用这种手段。例如，如果我希望台上的某位观众尽快完成一项任务，我会缩短所给的时间。曾经有一次，台上的几位观众花了很多时间才想出一个象征符号，又花时间把它画出来。后来，我就利用了"稀缺"原则，使所有人毫无例外地加快了工作的速度：我只给他们 10 秒钟时间，而且大声地倒计时。他们创造了奇迹。

　　另外一个例子：在我的一次讲座上，我需要从观众中选 6 个人上台。如果我这样说："现在，我需要 6 位观众到台上来。"那么，整台节目可能就会失败，因为没有人愿意上台表演。如果我事先人为地减少舞台上的位置，又事先严格限定上台的人数，观众的反应就会完全不同。我这样对台下说："今天，在座的观众有千人之多。很可惜，不是每个人都有机会上台一起表演。在下一个环节，我会将上台人数增加到 6 人。"话音落地，观众马上就争先恐后要求上台。

　　"稀缺"原则告诉我们，越是看起来难以实现的东西，对我们来说就越有吸引力。对于集邮者来说，昙花一现的邮票具有难以估量的价值。因为独一无二的特性，这种邮票才具有重大意义。与每一张邮票相比，单纯的纸张和印刷并无更高的价值。原因在于，我们通过减少供应而提升了邮票的价值。这一事实使我马上想到了保罗·瓦茨拉维克："事实真相分为第一层面和第二层面。"邮票只是印有图案及文字的一小片纸张，这是事实的第一层面。因为其稀缺性，邮票被赋予了难以估量的价值，这是事实的第二个层面。无论何种交际情景，都应该严格区分事实的两个层面，这一点特别重要。世界正如我们想象。所以，只有谈话双方认清并接受彼此，才能顺利无阻地进行交际。

　　心理学家们发现，这一原则还会发挥更好的作用，条件是有人提醒我们，我们可能会永久失去已经拥有的东西。如果是考试，学生们会更强烈地想象"失败"，而不是考虑获得胜利。女心理学家贝丝·迈耶罗维茨与谢丽·柴肯发现，一再强调早期检查的好处并不十分奏效。较好的办法是提醒女性，如果不去参加身体预检，她们将会失去什么，预防癌症的宣传手册才会引起她们的关注。转换视角对于解决问题起了决定性的作用，并产生了重大影响。

　　一旦我们拥有了什么，却又不得不放手，那么，这种暂时的拥有就会被赋予更高的价值。一旦重新拥有了自由，自然不愿意再次失去。如果您某次曾允许自己的孩子晚上看看电视，那么也可以某次——毫无任何理由地——禁止他们看电视。通过这种方式，您为孩子的生活设置一点障碍，提升生活经历的意义。如果孩子们一度有了晚上看电视的自由，突然被禁止就意味着巨大的损失。请您注意，我在上文中破折号中间所写的内容：毫无任何理由地。我们可以由此得出结论：如果不是一直出现违规现象，就可以很容易维护一项规则。我个人认为，父母与孩子彼此共享自由，也应该允许偶尔的违规现象，这才是理想的状况。父母一直对孩子发布禁令，则是一种很不愉快的状况。我自己就是一个极度渴望自由的人。在孩子们面前，我也毫不隐讳这一点。如果因为某种特殊原因必须取消看电视——例如大家第二天早晨都必须早起——我就一定要给孩子们一个很好的解释。通常情况下，孩子们都能够表示理解。有一点他们永远无法接受，即父母不够公平。请您扪心自问：自己还是个孩子的时候，是不是也无法忍受父母不公平呢？

　　有机会的话，我是说如果您再有客人来访，可以尝试利用"稀缺"原则。招待客人的时候，您为他们奉上饼干，但是不要装满满一碗，而是找一个超大的盘子，在盘子里面摆上寥寥几块。虽然数量不多，客人却很可能会觉得这些饼干质量上乘。这一结论很接近 1975 年一项调查研究的结果。当时属于市场调研，参与者们应该品尝主持方提供的饼干。在一半参与者面前，人们摆放的盘子中有十块饼干；另一半参与者面前，同样大小的盘子里仅有两块饼干。与前一种情况相比，仅看到两块饼干的参与者们认为自己吃到的更好、价格更高。

关于如何应对资源稀缺这一状况，罗伯特·B·西奥迪尼博士有着很好的策略："尽管饼干数量有限，促使人们产生更强的追逐心理，但是从口味上来讲，它们并不比供应充足的那些来得好。尽管稀缺状况引发了人们强烈的渴望，这些饼干却并不如人们想象的那么可口。这种现象当中隐藏着一个重要的认识。稀缺商品之所以触动我们的神经，并非在于我们想使用这些商品，而在于我们想拥有它们。这两种情况万万不可混为一谈……很多情况下，我们之所以对某物感兴趣，并不仅仅是为了占有它们，而是觊觎它们的使用价值：我们的目的无非是品尝、引用、触摸、聆听、驾驶及其他。如果是这样的心态，我们千万要提醒自己注意一点，稀缺商品仅仅具备其有限资源的特性，口味不会更独特，功能不会更全面，手感不会更舒适，听起来不会更悦耳，驾驶感觉也不会超人一等。"我想说的是，希望观众还是能够自愿来到台上，到我的身边来配合表演。

问题彰显不同

　　2002 年的夏天，我和太太站在慕尼黑的一个轻轨车站，她正身怀六甲。当时正是下午，我们从市区返回，刚刚在那里为即将出生的女儿买了一些婴儿用品，心情大好。等车的时间比平时要长一些，轻轨就是不来。大约 15 分钟后，广播声响了起来：因为人员伤亡，后续所有车辆都将无限期延迟到达。"好吧，"我说，"肯定又有哪个傻瓜想不开了。"随着时间一分一秒地过去，我和太太不禁有点儿着急起来，因为晚上我们还有安排。我们必须赶去参加一个活动，我得登台表演呢。轻轨姗姗来迟，我们的时间却也所剩无几。我们得快马加鞭，先赶到家里，然后再去活动举办地。待我终于冲到更衣室，却看到太太脸色煞白地站在当地。那个跳轨自杀的傻瓜原来是我们家的一位挚友。

　　之所以给您讲这个故事，因为这并非随便哪一位朋友，而是我的指路人之一。他让我看清了一个事实，人们可以靠举办研讨会或开讲座来谋生。他是第一个激励我朝这个方向努力的人。那是 20 世纪 90 年代的事情。在此之前，我对演讲这个行当两眼一抹黑。大学毕业之后，我们两个甚至合伙开了一家公司。他是一位非常优秀的研讨会主持人，时至今日——无论是登台表演，还是在研讨会上——我都仍然在使用一些方法和技巧，这些都归功于他多年之前的指引。他的名字叫作英格尔夫·格拉巴茨，博士头衔。他的模样一再浮现在我的脑海中。

每当回想起这位朋友，我都百感交集，内心有伤感，也有一丝无助——很明显，他当时在心理上承受了太多的压力，明显超过我们的想象。我深信，如果没有英格尔夫，我还需要很长时间才能明白，我自己确实具有某种能力，可以吸引他人，可以为他人带来特别的感受。非常遗憾，我再也不能当面对他说这些心里话了。

在这里，我还应该提到一个人，他就是英格尔夫的精神导师，名叫安德烈斯·鲍恩豪泽。我在本书里向您介绍了一些方法和技巧，对我来说，虽然它们主要来自英格尔夫·格拉巴茨博士的研讨会，可是，这些方法和技巧最终还是属于安德烈斯·鲍恩豪泽先生。后来，我也买过鲍恩豪泽先生的《展示自我》，阅读之后感觉受益匪浅。放到现在，我也可以发自内心地推荐大家阅读这本书。无论如何，书中的观点都会使我不由自主地联想到好友英格尔夫·格拉巴茨博士。

他最喜欢的一句话就是，世界上有两种人：一种人主动处理事务，另一种人只能被动接受。第二种人不比第一种人过得轻松，但是第二种人感觉更顺心。如果您想成为第一种人，我可以与您分享格拉巴茨博士的两句名言。

"始终希望反客为主"

关于催眠的那一章已经说明：观众的思绪停留在什么地方，就有必要在那个地方继续对其加以引导。只有这样，您才可能有机会使观众接受您的观点。一个好的方法能够帮助我们发现，人们如何思考——或正在思考什么。方法很简单，但是对于许多人来说难于上青天：要有能力控制自己提出的问题。例如，您最愿意回忆哪一段求学时光？有那么一位老师——通常不修边幅——在几个小时内填鸭式教学，还是愿意回忆与老师——表现得精力旺盛的老师——就某一主题激烈辩论的求学时代？至于学生时代的大部分知识，我应该归功于老师们用心良苦的问题，而这些问题也都出现在正确的时间。顺便告诉大家，老师们向我提的最多的问题就是："托尔斯丹，你到底为什么经常逃学？"但这样的问题通常也只是轻描淡写。

说到提问的技巧，就又用到我最喜欢的一条原则：精力跟随你的注意力。这里给大家举一个负面性极强的例子，这个例子来自英格尔夫的某次研讨会。展示产品之后，售货员问顾客说："还有什么使您不放心购买我们的产品吗？"我相信，事实上确实会有这样的销售培训课程，这些课程上也确实会推荐售货员这样来提问，而确实也会有售货员会真的这样问顾客。精力跟随注意力而转移——根据这条原则，这个问题算得上是促销末尾阶段最愚蠢的问题。听到这样的问题，即使顾客已经动了购买的心思，也有可能马上将注意力转移到商品的负面因素。请毫无保留地将此类问题清除出您的备忘录吧。在本章中，我们将研究以下四个问题：

◆ 启发性的问题："这辆汽车是红色还是黑色？"在这样的问题中，人们已经看到两种可能性。也许对方会告诉你，汽车其实是蓝色。如果这样来说："你肯定已经很累了。"可惜我的孩子们都不吃这一套。

◆ 封闭性的问题：对于判断疑问句来说，人们只能做出"是"或"不是"的回答，还有可能说"也许"或"我不知道"。举个例子："您喜欢这本书吗？"

◆ 开放性的问题：问题的开头通常是一个疑问词，疑问词的第一个字母都是"W"，例如 wie viel, warum, weshlab, woran, wen, wem, wodurch 等。举例来说："您最喜欢这本书的什么地方？"开放性问题有一个极大的好处，可以促使被问者积极表达自己的想法。如果运用得当，您可以激起对方的兴趣，可以了解对方的观点及思维方式。利用开放性的问题，您也可以有意识地影响对方的决定。您应该考虑问题的类型，一旦该种类型的问题打动了对方，您要及时确定对方注意的对象是什么。在上文所举的例子中——售货员提的问题起到了反作用，使得顾客对推销的商品说不——售货员一无所获。从现在开始，您如果继续使用开放性问题，就应该忘记"warum""weshalb"和"wieso"等疑问词。听到这三个词，我们内心首先都会产生消极的反应。听到这三个疑问词，我们心中往往已经有了答案。请您注意：通常先听到对方说"不"，然后才可以问"为什么"。

◆ 最后是选择性的问题："猪肉香肠还是鸡肉香肠？"

请允许我从日常生活中选择一个例子：现在是晚上7点，该是孩子们上床睡觉的时间了。几乎每天都有孩子在这个时间问："爸爸，我还可以再吃一块巧克力吗？"我的回答通常都是——也许除了圣诞节——"不"。每次，孩子们的反应也都完全一样："为什么不行呢？"我很高兴的是，他们开始和我讨价还价了。他们的坚持每次都给人带来乐趣。现在要讨论的和上面完全不同。这个例子说明，"warum"这个疑问通常都与"不"这个回答相联系。精力随着注意力而转移，我们不能自己陷入重重迷雾。好吧，请大家忘记"warum"这种问法，另换一种提问方式——这将更有效果，请不要怀疑这一点。

例如，我的孩子完全可以这样表达："最最亲爱的爸爸，如果我等下好好刷牙，你现在肯定不会反对我再吃一小块巧克力……"这些话思路清晰，确实是儿子在晚上对我耳语的话。我心里感觉很振奋！不仅仅因为儿子把疑问句变成了陈述句，而且还因为这是一个提示性的陈述句。也许他的话还不够成熟，不过事实是他仅仅 5 岁。最后，他当然吃到了一块巧克力，这是对他辩论天赋的奖励。这个来自家庭生活的例子也告诉我们，听从这样一个建议多么有乐趣啊。我当然知道，我的儿子——古怪精灵——尝试着影响我的决定。可是，偶尔在他面前投降，却比一直高高在上还有乐趣，您说呢？

实际上，启发性的问题和封闭性的问题更适合幼儿园，属于影响力教育的范畴。我们已经生活在 21 世纪，许多同龄人已经取得了某种学历。出于这一原因，您虽然应该掌握这两种类型的问题，却争取不要主动应用。试图用这样的问题来影响别人，则属于没有智慧和俗气的表现。充其量更适用在孩子们身上。顺便说一句：有一条已经说滥了的管理原则，"提问者，即主导者"，这其实并不完全符合事实。更正确的说法是："谁提问、倾听并认真观察，就可以轻松地将质问者收入麾下。"

关于选择性质的问题，鲍恩豪泽先生在书中讲了一则非常好的逸事：这则逸事——准确说来——可以帮助人发现宝藏。故事中，一位饭店老板准备在牛肉汤中加入鸡蛋。他为自己的奇思妙想而感到振奋，绞尽脑汁地算计着，准备用较低的附加成本换来更高的价格。带着这个想法，他告诉饭店里的服务员们，未来要加大推销这种蛋汤的力度。尽管如此，局面依然波澜不兴。新的蛋汤并没有取得营销成绩。惊讶之余，饭店老板将这件事告诉了同行们。同行们也都马上热情高涨，他们只是不清楚，为什么这种新的汤类比不过寻常的牛肉汤。饭店老板们做了个约定：在场的老板都应该在各自的饭店做做尝试，加大推广新型"蛋汤"的力度。

两周之后，饭店老板们又聚集在一起。在其中一位老板那里，这种新型蛋汤成为销售冠军。尽管取得了巨大的成功，方法却简单得让人目瞪口呆。还是那句话：精力随着注意力而转移。这位老板构思了一个正确的问题，并从中大大获益。他培训自己的员工们，让他们向客人们提这样一个问题："您希望汤里加一只蛋还是两只蛋？"大多数客人通常都会说："一只，谢谢。"

暗示，它属于选择性问题的非常好的补充。举个例子来说："你是在午饭前还是午饭后整理鞋子呢？"这个问题真够刁钻。首先，提问人限定了条件，认为被问者确实会整理鞋子；其次，两件风马牛不相及的事情硬被联系到一起。午饭和整理原本就不是同一双鞋——请您注意这个文字游戏。暗示的内容直接指向未知，已知的内容被完全忽略。饭店里推销蛋汤就巧妙地运用了这种暗示手法。您觉得 Deo（除臭剂）与勾引对方有关系吗？Wermut（苦艾酒）与性有什么关系？

回到提问技巧这一块吧。上文所举的例子说明了提问技巧与引领对话之间的区别。真正引领对话的不是随便哪一位提问者，而是提出正确问题的那一位。写作这一部分的时候，我正在自己最喜欢的一家宾馆。这一次，我不是在意大利的托斯卡纳或法国，而是奥地利的阿尔比斯。一天晚上，我用餐的时候点了一杯啤酒。确切地说，是一杯清啤。点单之后，女服务员友好地注视着我，小心地问道："您想来一个大杯的吗？"

女服务员问问题的口气非常友好，让人根本不忍心只点一个小杯——此外，啤酒确实也非常可口。那就点一个大杯吧。虽然女服务员确实是试图影响顾客的决定，但是却让人心情愉悦，不是吗？这个问题提得如此出色，您可以将其与任何一个粗鄙或蠢笨的问题相比较。如果女服务员说："您肯定是想来一个大杯吧？"我紧跟着很可能就会让她失望。

影响他人的思想并非犯罪。在这些情况下，我也觉得这种行为无可厚非。原因如下：尽可能使顾客在逗留期间心满意足，而且这种逗留能在以后成为美好的回忆，这难道不是服务人员的职责吗？上面提到的那位女服务员帮助我做了一个决定。我经历了——也许正是因为这一大杯啤酒——一个美好的夜晚，感觉心旷神怡。还有，尽管我本人很熟悉各种提问的技巧，却心甘情愿地接受女服务员的暗示与影响。效果是检验事实的标准，确实如此。

"动员各种感官，就能完美表达"

这是英格尔夫——或者可以说是鲍恩豪泽的——第二句至理名言，

我想在这里与各位分享。为了让我注意到，我们的思想实际上殊途同归，他与我一起做了个训练。接下来，我将从讨论会的文件中为大家逐字逐句地摘录训练内容。另外，您也可以在《展示自我》一书中读到相关内容。

请您假设，您打算买一栋房屋。下面有三处房源。请您决定选择其中一栋。您马上就会在抉择的过程中对自我有所认识：

◆ 第一栋房屋：这栋房屋迎面部分富丽堂皇，马上就映入人的眼帘。无须看第二眼，人们就能发现，房屋主人将所有的注意力都放在内庭的构造及宽大的花园上了。如果看看五个居住用的房间，就会一再发现夺人眼球的细节。透过巨大的窗户，人们可以看到风景如画的城市景色，视野中几乎很少有车辆驶过。通过层次分明的建筑设计，居住空间给人以宽大明亮的感觉。很明显，这栋漂亮的房屋物有所值。

◆ 第二栋房屋：第二栋房屋特别讨人喜欢。它地处幽静，鸟声婉转，别无他音。随着叩门声，大门应声而开，您信步穿过内院，走进花园，独享那一片宁静。勾画五个房间的内部装饰——这几乎是不可能完成的任务。房屋内部的陈设给人以童话般的感觉，也可以让人们了解这栋房屋的历史。您也许会产生疑问，怎么会有人能够如此和谐地将这些统一在一个空间里。请您好好想想吧，面对这栋待售的房屋，到底意下如何。

◆ 第三栋房屋：这栋建筑坚固异常，马上就会给参观者以极其舒适的感觉。建筑内有五个房间，空间宽敞巨大，会使人产生不受任何限制的运动感觉。与此同时，室内装饰独具匠心，温暖的感觉使人放松身心。这栋建筑包含一个内部庭院，圆拱形给人以舒适的感觉。从庭院再过去，可以走到一处开阔地，每位来访者在那里都会感觉神采飞扬。参观这栋建筑之后，您一定还会心有戚戚焉，和卖家一样牵肠挂肚，希望这栋房屋能够找到真正的主人。

最喜欢上面哪一栋建筑？这个问题的答案将告诉我们，您最希望别人以怎样的方式与您交谈。事实上，在上面三段关于建筑的描述中，所说的竟然是同一栋房屋。关于新语言学写作的技巧，我已经在其他地方有过详尽的描述，读者们完全可以去那里参考阅读。可是，这种写作方法具有很强的基础性，我还是愿意在这里再次为大家做一番介绍。

关于新语言学写作，我们有一个出发点，每个人都通过三个主要的渠道来感知周围的世界，并通过这三个主要渠道进行彼此间的交流：三个主要渠道为视觉、听觉和触觉。专业术语分别称作：视觉感受、听觉感受与触觉感受。一般来说，所有人都具有这三种能力。可是，每个人使用这三种能力的频率各不相同，强度也有所差异。就这点而言，专业级别的新语言学写作人员称之为渠道优先权。

对于有的人来说，如果用图像的方式来呈现新闻，他们会感觉更有亲和力——例如通过照片或电影。其他人则更倾向于通过听觉来了解。如果不是必须阅读的内容，那么，他们通过倾听可以有更深入的理解。还有些人必须通过逐个辨别字母来理解，也就是说，必须通过触觉与他们交流，他们唯有如此才能记得牢固。就这种意义而言，有一个认识非常重要：我们没有任何一个人完全依靠一种渠道与外界沟通。只不过每个人都有自己的喜好。这种喜爱也会随着时间而改变。无论以偏概全，还是笼统言之，都不能帮助人有更深入的认识。仅仅数月之前，某人还倾向于通过图片来了解外面的世界,今天——为什么总是如此——却突然青睐听觉这种方式。我就属于这种情况:如果通过报告的方式来展示一篇文章,我马上就可以牢牢记住。而一旦只能通过阅读的方式,我就必须将更多的注意力集中在文章内容上,以便理解并记忆它。以前可大不一样,我以前更喜欢通过图像的方式来记忆。

为了揣摩并更容易地接近谈话伙伴,您必须一再仔细地观察他。哪些方面最清楚地看在您的眼中?从中可以得出哪些推断?这些内容都详细地记录在拙著《我知你心所想》中。

上文中有描述同一栋房屋的三篇短文,文字各不相同。您可以借助它们来进行自我检验,确定自己更倾向于使用哪一种渠道与外界沟通。让我们假设一下,您喜欢的是第一栋房屋。那么,您倾向于视觉接触。如果第二栋房屋更让您觉得心旷神怡,那么,您在这里利用的就是听觉渠道。如果第三栋房屋让您精神振奋,那就意味着您开放了触觉通道。

在这种现象中,我们也可以探究某个原因,为什么演讲内容完全相同,有些演讲者却取得了优于他人的效果。在报告会或研讨会上,面对眼前的观众,我当然想同时打动所有人的内心:毕竟,我喜欢抛头露面,而且极度虚荣。我习惯使用以下几种方法:

◆ 我尝试马上进入状态,希望马上打动观众:"所有的力量都来自内心世界。"

◆ 最初我就知道,自己希望为观众带来些什么。我培养了一种面对工作的态度。在一次研讨会上,我们谈到工作态度的时候,几位观众露出了微笑。他们说,当然应该对工作抱积极态度。可是,事实大相径庭。

我确信，下面这句话来自格哈德·波特："他实在没什么可说的，却讲了整整 50 分钟。"这清楚地告诉我们，工作面前到底做何选择。

◆ 面对台下的观众，我总是尝试打通他们所有的感觉渠道，以便打动所有人的内心。

看懂感觉

在这一领域，保罗·艾克曼获得了巨大成功，几乎没有人能够超过他。他的分析结果曾证明，我们的面部表情都会展现我们的内心世界。原因很简单，我们的情绪与面部表情之间有着直接联系。它们之间又互相影响。情绪与话语之间倒没有这样的紧密联系。出于这一原因，人们的嘴巴会说谎，面部表情却吐露着事实真相。

查尔斯·达尔文认为，因为人类正持续进化为更高级的生物，所以人类的感情会丧失其功能与重要性。如今我们知道，感情是任何一种行为的基础。任何事情，只要我们认为它是重要的，就必然与某种情感脱不开关系。这包括每一种思想，甚至每一种表面看起来很理性的思考。视线穿透谈话伙伴的内心，就足以占得上风，因为这样的人掌握了别人的情感世界。有时候，这样的人表现得非常有说服力，好像确实可以读懂别人的思想。因此，识别他人的情感具有难以估量的价值。

解读情感，获得尊重

　　我喜欢各种脸。好吧，那要看是具体哪一张脸。可我就是很执着，痴迷于各种面部表情。顺便说一下，你们和我其实都一样。如果您不愿意相信这一点，那么，请您看看自己的钱包吧。您很可能会在那里找到照片，您喜爱的人的照片。照片上看到的肯定是他们的脸，而不一定看到他们的脚。

　　数年之前，我听别人讲了一个故事，可以看作是上一段文字的完美注脚：从前，在英国某最知名的一所大学，据说有一位特立独行的教授，他有一个不为人知的癖好。他非常非常喜欢脱个精光，然后在河里裸泳。有一天，他又照旧在河里裸泳乘凉，却听到河道转弯处传来声音，一艘划艇正在接近。教授确信听出了其中两个声音。如果没有搞错的话，她们很可能是自己的两个博士生。他得赶快想点办法出来，才能继续保持疯狂的裸泳爱好为一个秘密。教授尽快地朝岸边游过去，试图将自己藏起来。就在他游到岸边的那一刻，划艇突然转过河湾出现在面前。教授听得没错，划艇上确实有他的两位博士。教授飞快地抓起毛巾——将毛巾放到自己头上！真是一个聪明人。

　　说到研究面部表情，保罗·艾克曼是先驱之一，他率领自己的团队在全世界进行了多年调查。保罗·艾克曼得以建立一个脸谱，内有数千个面部表情，分别对应不同的情感。他研发了一个系统，人们可以借助于这个系统辨别情感，确定某种面部表情中隐藏了哪一种情感。您了解电视系列片《别对我说谎》吗？剧中主人公的原型就是保罗·艾克曼，他是整个剧目的科学顾问。他的有关发明被称作 FACS，即面部运动编码系统。这套系统真是一个天才的方法，可以解读人的面部表情。这种方法以一个事实为基础：人类共有 7 种基本情感。一旦我们内心产生了某种情绪，就会以同一种方式表现在我们的脸上。这 7 种基本情感包括：

- ◆ 惊讶
- ◆ 恐惧
- ◆ 悲伤、绝望
- ◆ 生气与愤怒
- ◆ 厌恶
- ◆ 鄙视
- ◆ 喜悦

　　当然，除了这 7 种，我们还可以找得到更多。可是，这 7 种却属于人类的基本情感。也就是说，它们在任何人脸上的表达都完全一致，所以非常方便区分。

　　保罗·艾克曼做了科学的，或者说系统的研究，以确定各种情绪如何表现在我们的脸上。这就意味着，如果我们掌握了他研发的系统，就可以通过面部表情了解他人的情绪。谦虚地说，这可是绝招。如果您知道在对方脸上留意什么，那么您就能够真正掌握对方的情绪变化。这将为我们创造无限的可能。

艾克曼比我们走得更远，他宣称：甚至可以对别人做出预言。如果您自己有孩子，您就应该熟悉这样的场景，知道孩子马上就要伤心落泪。因为您看到孩子的下颌在抖动，也看到孩子的眼睛渐渐笼上一层雾气。这种判断方法既适用于其他情感，也可以在成年人身上奏效。通过大量的练习与超强的细腻感觉，甚至在对方自己意识到并做出反应之前，您就可以提前看出对方的情绪反应。我将其称为高级读心术。即使您的谈话伙伴试图在您面前演戏，一旦您继续集中注意力，就可以识别出对方试图掩盖的情绪。

根据保罗·艾克曼的研究，一种面部表情有多种表达方式：示意表情、局部显露表情、微弱显露表情与微观表情。示意表情并不十分典型，它表示的情绪并不能马上被我们感觉到。如果某人正在给您讲述一个故事，故事表明某人正为某事而生气，那么您就可能在对方脸上读到愤怒的感觉。您会在下意识中建立"情感协调"的过程，您表现出愤怒却还不自知。艾克曼解释说，您将会用自己的面部表情表达"愤怒"。在这一过程中，您的面部表情会很容易加以变化。对方将因为这种变化看出，您虽然支持他的言论，但是却不能指望您真正对他所说的内容感到愤怒。因此，就示意表情而言，完全有一叶障目，不见泰山的感觉。如果是这种愤怒的感觉，您也许只皱紧自己眉头，或紧闭双唇。一旦这种表达过于强烈，不仅谈话伙伴会觉得迷茫，还有一种危险：您可能真的会大发脾气。无论如何，精力会随着注意力而转移。手势与身体姿态同样会泄露人的真实情感。

在局部显露表情的情况下，人们的面部只有部分投入情感表达——与充分表达完全相反，充分表达的情况下，情绪表露在人们整个面部。局部显露表情有两个原因：要么是当事人不应该表露真正的情绪，要么应该是情绪并不强烈，没有体现在整个面部。

微弱显露表情完全可以自圆其说：这种表情根本就具有微弱的特性（我喜欢这样有说服力的说法）。这种表情表明了一种压抑着的情绪或一种微弱的情绪。也有另外一种可能，谈话伙伴试图压抑自己的情感，却没有完全成功。如果某种情绪慢慢上升，面部表情开始显得微弱，却也会逐渐变得越来越明显。

如果我们的内心情绪牵动了某块面部肌肉，我们却又马上尝试去控制它，此时就会产生微观表达或微观面部表情。尽管我们可以直接控制自己的面部肌肉，但还是会觉察到某种特定的表情，我们可以在瞬间对其加以控制，即微观表达。

微观表情通常会掠过整个面部。实际情况中，却也并非完全如此。有那么一些时候，微观表情仅仅局部可见或极其微弱。人们只有在极短的时间内可以看到这种微观表情，大约 1/5 秒。如果您面对对方，却在出现微观表情的这一刻眨眼，就很可能无所察觉。微观表情易于泄露天机。它通常会告诉人们，相关人员正竭力掩饰哪一种情绪。很明显，您的谈话伙伴不希望您知道他的情绪状况。这种情绪也可能是一种无意识的表达。通常来说，这种表达给人以轻微的非对称感觉，它来去匆匆。

在我们仔细研究各种情绪之前，还必须关注决定性的一点：如果我们希望自己能够读懂别人的情绪表达，就必须知道，如果没有特定的情绪表达，对方的一般表情是什么。与平时一样，这里也必须精心谋算。现在，我们开始研究各种情绪类型及其对应的面部表情。

惊讶

当然，这是我最青睐的情绪。制作晚间电视节目的时候，除了喜悦，我的出发点就是在观众中制造惊讶。

在所有的情绪中，惊讶持续的时间最短。一旦我们明白了事情的真相，我们的心情就会马上平复下来。一旦我们消化了未知带来的冲击，惊讶的表情就会被另一种表情所替代。这两种表情的转换非常自然。客观事实告诉我们，惊讶总是会让我们目瞪口呆，所以我们无法隐藏这种感觉。如果我们不事先告诉对方，我们已经确切地了解了某事，谈话伙伴就能毫不费力地在我们脸上找到惊讶的痕迹。在其他情况下——我们试图掩盖自己的惊讶情绪——我们会很无奈，因为如果真的感觉到惊讶，我们几乎没有时间去控制自己的情绪。

在情感研究领域，关于惊讶到底是不是一种情绪，人们众说纷纭。我不愿意忽视这种意见分歧，却也无意在这里进行深入研究，因为这对我们下一步研究起不到帮助的作用。我们确实可以在人们面部识别惊讶，这就足够了。

　　还有一点很重要，我们必须能够识别惊讶与惊吓。很明显，惊吓并非一种情绪，所有的研究者都同意这一点。惊讶与惊吓在人们面部也表现得各不相同。在研讨会上，我喜欢慢慢地在听众中穿行，然后突然冲其中一位叫喊。没错，对于与会者来说，我主持的研讨会就是一种极大的乐趣。在这一刻，几乎所有被我叫到的人都会紧闭双眼、低垂双眉、抿紧嘴唇。

　　与此相反，我们会在惊讶的时候睁大自己的眼睛，眉毛上举，并张大自己的嘴巴。不会再有更典型的描述了。此外，惊吓持续的时间还要短于惊讶，而且也不可能人为控制。即使您预先告诉某人，让他知道马上会有巨响，他还是会在响声出现的时候表现出受到惊吓的样子——除非他失去了听觉。如果换作惊讶，情况就完全不同。惊讶在人的面部表现为：

　　◆ 向上高高扬起的双眉。

　　◆ 额头的皱纹呈现水平状态——除了儿童、青年及注射了肉毒杆菌的人。

　　请您注意以下几点：

　　◆ 如果仅仅是双眉向上高高扬起，面部其他部位却保持不变，就可以认为对方没有惊讶；如果对方仅仅在数秒时间内向上扬起双眉，则说明一个问题，面对正在讲述的一切，对方表示怀疑或觉得确实不可信。

　　◆ 如果一个人在面对问题的时候高扬双眉，这就告诉我们，这个人已经知道了答案。也许，这只是一个需要回答"是"或者"不是"的问题。如果某人无法回答自己提出的问题，表现则完全不同。这种情况下，某人眉头紧锁。这并不意味着愤怒，而是表明某人高度集中注意力。

◆ 上眼皮高高上举，下眼皮则保持放松状态。

◆ 下颌部向下方运动。运动的幅度越大，则说明当事人越惊讶。

◆ 该种情绪表达持续时间不长。如果您遇到某人，对方注视您的时间超过数秒，说明对方要么毫不惊讶，要么将惊讶与恐惧混淆。

恐惧

恐惧的表情经常被人们与惊讶的表情混淆。它们确实非常相像。如果即将受到伤害，我们就会感受到恐惧。这种伤害也可以是心理伤害。例如，物质上的伤害或身体上的伤害：如果我们不得不去看牙医，就会害怕疼痛。还有一些恐惧扩散在人们心头，仅仅想到它们，就足以在人们心中引起恐惧感。蛇类及洞穴只是其中的两个例子，艾克曼也曾经用它们举过例子。恐惧是一种非常容易引发的情绪，人们对它也进行了最多的研究。人们假设，人类进化的过程主要产生了两种面对恐惧的反应：躲藏或逃跑。如果我们感到恐惧，我们的腿部肌肉马上就会强烈充血。这就为逃跑做了第一步的准备。

面对恐惧，另外一个反应就是躲藏。因为恐惧而身体僵硬、无法移动，这与躲藏行为也有着密不可分的联系。恐惧中的人不想被他人发现，或者说，恐惧中的人必须将自己藏起来。

还有一种很大的可能性：人们感觉到恐惧，却既不能逃跑，也不能躲藏。这个时候，恐惧很有可能就会转为愤怒。根据艾克曼的理论，人们会经常很快地先后经历恐惧与愤怒两个阶段。这就意味着，如果最初的情绪被证明无效，那么，我们的神经系统就会很快用另外一种情绪来代替它。恐惧在面部表现出以下特征：

◆ 上扬并保持平直的双眉。

◆ 双眉——不同于惊讶——微微锁住。眉尖彼此靠近。

◆ 上眼皮上举。

◆ 如果上眼皮上举的同时，下眼皮保持放松的状态，同时，面部其他部分保持放松，那么就绝不会意味着惊讶，而是意味着恐惧。

◆ 双唇呈现出平行绷紧的状态——如果处于恐惧的状态，嘴巴轻微张开。

◆ 一旦只有嘴部轻微抿起，双眼却保持正常状态，这通常意味着忧虑。

◆ 只有在唯一一种状态中，额头与双眉才保持不变，这就属于因为恐惧而身躯僵硬。这种状态下，双眼与嘴巴与上文描述状态相同。

悲伤与绝望

就表情持续的时间长度而言，悲伤的情绪会更持久——与惊讶的情绪完全不同。没有任何一种情绪持续的时间会超过悲伤或绝望。在本章节，我将完全致力于描写沮丧及绝望，而不涉及极端的悲伤情绪，那是父母参加孩子葬礼时的表现。人们不需要专门写一本书来描述各种伤感。

不是的，我在这里也会描述悲伤的感觉，这种感觉却来自追求目标失败或正遭受某种伤害。心情沮丧的时候，我们面部肌肉松弛，毫无任何表情。通过观察双眉的位置，人们可以知道正在发生什么事情。此时，双眉眉尖上翘。美国演员伍迪·艾伦的眉毛天生上扬，所以总是给人悲伤的感觉。美国喜剧演员金·凯瑞同样如此。有意识地将眉尖上扬，很少人能够做到这一点。这种面部表情——除了艾伦与凯瑞——很容易帮助人们确定悲伤与绝望的情绪。对于大多数人来说，额头会出现直立方向的皱纹，这就属于情感信号。至于眼皮，它也会随着双眉指向上方。左右眼皮互相靠近的地方会形成一个不明显的三角形：

◆ 如果悲伤情绪较重，下眼皮也会收紧。

◆ 悲伤的另外一个特征：目光低垂。

◆ 嘴角向下拉紧。

愤怒，生气，恼怒

文章写到这里，我们将接触到所有情绪中最危险的一个。恼怒可以说是一种难以控制的情绪，因为我们体内的怒火很可能会一再升级。生气这种情绪会自行发酵，呈螺旋形状愈演愈烈。此外，人们也很难不用愤怒来回应他人的愤怒情绪。有时候，根本不需要第二个人在场，怒火就会自行点燃。这种怒火甚至可能针对我们自己。确实有那么一些时刻，我们对自己也无法忍受。通常情况下，如果我们想做事却受到妨碍，我们就会怒气冲冲。已婚的读者们肯定知道，我指的是什么。可能会导致我们勃然发作的情况还包括：我们受到不公平的指责，我们受到他人的侮辱或某人不同意我们的观点。极度气愤的情况下，我们会产生主动伤害他人的欲望，或者通过言语，或者通过身体暴力。可是，恼怒或愤怒的情绪通常也会很快过去。如果恼怒情绪成为人们的基本态度，那将非常危险。校园枪手、针对个人的暴力袭击、流血革命就是可能的后果。通常情况下，愤怒都会转化为另一种情绪，如恐惧。

　　尽管会带来种种不利因素，愤怒、恼怒及生气仍属于重要的情绪。如果感觉不到他人的愤怒情绪，有的人将永远不会行动，也将永远无法改变自己的处境。这里有一点很重要，我们应该控制自己的情绪，情绪应该始终针对具体事务，而非针对无辜的人。如果我们真的陷于愤怒，我们经常不加思考地行动，用错误的方式发泄怒气。您知道，我所指的是什么。实际上，我们可以用更老练的办法来化解戾气，如走到森林里对着树木大喊，用力击打沙袋，或听非常喧闹的音乐。如果我们重新控制了自己的情绪，就能够努力找到情绪不佳的原因，从而重新用冷静的头脑思考。我知道，说起来容易做起来难。出于同一个原因，如果一封邮件让我们火冒三丈，马上回复，让对方知道厉害吗？这并不是一种明智的做法。更聪明的做法是，写一封充满怒气的邮件，但是并不发送出去！等到我们的头脑重新冷静下来，再平心静气地读读这封没有发送的邮件。到那时，我们就可以估量，是否真的想做出如此激烈的回复。这才是真正自由的思想。

　　为了识别愤怒，您必须注意谈话对象的额头、眼睛和嘴巴。在面部表情中，愤怒会表现出以下特征：

◆ 双眉下沉，并互相接近。

◆ 同时，通常会出现斜上方向的皱纹。

◆ 额头呈正常状态。

如果仅仅是双眉的状态有所变化，可能会有以下原因：相关人员确实心情不快，可是又不想让别人有所察觉，却很容易受到外界刺激。还有一种可能性，相关人员仅仅感觉到震惊，并眯紧双眼，试图将注意力集中到某点上。如果双眼或双眉也紧锁，通常也是一个明确的信号，告诉我们相关人正全神注意有关事物。如果一位谈话伙伴也是这样的表现，就清楚地表明，他正集中注意力试图跟上您的节奏。

◆ 双眉下沉的同时，上眼皮上抬，目光逼人。

◆ 下眼皮紧张的程度随着怒气而变化。

◆ 上眼皮与双眉同时下沉，目光紧逼对方。

请注意！如果只是考虑到眼睛这一因素，迄今为止描述的所有感情表达也都意味着，谈话伙伴非常集中自己的注意力。这种情况下，嘴巴的表现就会泄露天机。

◆ 下颌骨——也包括下巴——经常前伸。

◆ 双唇紧闭——人们往往一言不发。双唇同时会失去血色。如果仅仅是紧闭双唇——请注意——也表明相关人正集中注意力或正从事艰苦的体力劳动。如果您对着镜子高举重物，就会知道我的话意味着什么。

◆ 嘴巴呈方形：人们不可能闭着嘴巴叫喊。

如果谈话伙伴紧闭双唇，经常象征着即将升腾的怒火。有时候您会看出，对方马上就会勃然发作，虽然他自己还没有完全意识到。在这种情绪状态下，我们利用自己方便控制的肌肉组织。出于这一原因，人们也可以很容易假装生气。如果您怀疑对方有表演生气的成分，就应该注意对方话语的顺序及相关的行为。

恶心

如果您有了孩子，就会不时发现，恶心到底是什么样的表现：假设您午饭时煮菠菜吧。如果您想自己体验恶心的感觉，那就试试所有都可能有的念头吧：排泄物、呕吐物、尿液或绿色痰液。有孩子的人肯定体会更深。

关于"恶心"这一主题，保罗·艾克曼也曾描述过一个非常形象的思维试验。这个试验来自心理学家高尔顿·奥尔波特。其实，我的孩子们也应该会有这种头脑。

关于恶心的试验

◆ 请您将口中的唾液下咽。

◆ 现在，请您想象自己将许多唾液吐到一个玻璃杯里，然后一饮而尽。请只想象这个场景。很自然，您突然就会感觉到一阵恶心。唾液本来来自于我们自己的身体，现在却成为让人恶心的东西。

许多因素都可以引发恶心的感觉：看到令人恶心的图画、闻到某种气味、触摸到黏液物质，或者在电视中看到《音乐世界》这样的节目等。

面对其他人，我们也可能会感觉恶心。一个人与我们的关系越近，我们越不会产生恶心的感觉。正因为如此，我们才可以眼睛眨也不眨地为自己的孩子换尿不湿，并收拾他们的呕吐物。对那些即将建立家庭的读者提出忠告：这仅仅是开始……

　　在性这一方面，也必须要谈到恶心这一话题。听起来缺少了浪漫气息，但是事实不容回避。我可以换一种方式告诉大家：吻情人的嘴唇会让人心旷神怡，可是，如果吻一个让我们反感的人，那就会使人想吐。我们的感觉会随着熟悉对方、拉近距离及爱情发芽而变化。就这点而言，艾克曼同样告诉我们，看到鲜血同样会刺激我们的神经。如果流血的并非陌生人，而为我们所熟悉，那么，我们的反应又会大不相同。这种情况下，恶心又会转化为同情。我们希望能够减轻爱人的痛苦，无论怎样都不会退缩。在面部表情中，恶心表现出如下特征：

- ◆ 总是皱着鼻子。

- ◆ 上嘴唇稍微朝上拉起。

- ◆ 下嘴唇也可能一道向上，却也不一定如此。

- ◆ 下嘴唇朝前努。

- ◆ 恶心的感觉越强烈，嘴部周围的褶皱也就越多。

- ◆ 双眉可能低垂。请注意：不要将恶心与恼怒混为一谈。如果上眼皮没有上扬，双眉没有紧蹙，就可以认定是感觉恶心，而不是恼怒这种情绪。眼部肌肉通常呈放松状态——除了一种情况，即我们不忍目睹惨剧而紧闭双眼。

　　恶心这种情绪主要通过嘴部和鼻部表现出来。我们很方便控制这两个区域的肌肉，所以很容易伪装恶心的感觉。我的孩子们精于此道，而我只能敲敲边鼓。出于同一个原因，人们很容易就能掩饰恶心。除非不清扫猫的粪便，我还是能够很容易做到这一点的。为什么它们不在瓷砖上方便，偏偏要拉到地毯上呢？

鄙视

及时认出对方"鄙视"的信号，将能拯救您与他人的关系！心理学家约翰·高特曼做过一个测试，借助于这个测试，他能够在 60 分钟之内确定一对夫妇是否可以天长地久。马尔科姆·格拉德威尔在《眨眼之间》一书中写道，高特曼仔细地观察一对洋溢着幸福感的夫妇，15 分钟后，他说出了这对夫妇的关系死结。请注意，他仅仅观察并分析了 15 分钟，可信度就达到了惊人的 90%。即使仅仅观察 3 分钟，他的命中率仍然可以接近 90%。

高特曼的结论是：这对夫妇谈话过程中，即使一方脸上仅仅出现些微的恶心或鄙视，也非常不利于双方的关系。通行规则为：如果一对夫妇没有离婚的迹象，他们之间正面关系与负面关系的比例至少为 5：1。

高特曼发现了一个事实，在观察已婚夫妇的时候，将注意力放在以下四个方面就已足够：鄙视、敌意、自我封闭与批评。高特曼称这四种表现为"世界末日的先兆"。其中最糟糕的一个方面：鄙视。夫妻双方争执的时候，一旦对方脸上出现了鄙视的神情，就意味着双方的关系出现了很深的裂痕。

批评当然会无休止地折磨人的神经，可是鄙视却会带来更糟糕的后果，因为它给人居高临下的感觉。通过鄙视别人，就可以间接暗示说：

和我相比，你远远不如。高特曼甚至发现，借助于鄙视的程度，人们甚至可以预见被鄙视者患上流感的频率：我深爱着某人，他却始终抱着明显鄙视的态度，这削弱了我的免疫系统，以至于很快就患上了感冒。这就是精神与身体之间互相影响的关系。

鄙视与恶心紧密相连，但是并不能混为一谈。二者在表情上有重大区别：

- ◆ 鄙视的时候，面部仅有一半参与表情。
- ◆ 嘴角微微收紧，稍微上扬。

喜悦

对我们这个社会来说，有一点值得称道，即我们了解消极情绪多于积极情绪。在过去，大多数科学家都研究各种心理疾病，而较少研究使我们愉快的积极因素。精力随着注意力而转移。现在，研究方向有所转变，这是值得高兴的事。更多地了解我们的积极情绪，我们将获益匪浅。通过这方面的研究，我们可以了解积极情绪会导致什么结果，我们又该如何利用积极情绪来创造美好的生活。在下一段文字里，我们就将研究令人感觉舒适的积极情绪，如幸福、开心、享乐等——这些都属于"喜悦"这一范畴内的积极情绪。通常情况下，我们通过大笑或至少微笑向别人展现幸福感。可是，有的人戴着假牙，却露出真心的笑容；有的人明眸皓齿，却笑得虚伪。我们该如何辨别呢？

好吧，如果真的是放声大笑，眼睛也会带着笑意。艾克曼做过研究，相反的情绪——如恐惧或鄙视——也会夹在情绪中，从而使人笑得虚假。人的面部有两块肌肉，它们使人笑得真实，笑得发自内心，人们称这两块肌肉为"杜兴肌肉"。杜兴·德·布伦是一位法国科学家。20 世纪 80 年代，他首个仔细研究真笑与假笑之间的区别。一方面，他发现了眼角与颧骨附近肌肉的作用。这块肌肉使面颊向上运动，并刺激眼角周围的肌肉收缩，从而产生细小的皱纹。

艾克曼与同事伏里森花费了数十年进行相关研究。在那之前，没有任何人认为可以在脸上读出隐藏的情绪。他们通过研究发现，"杜兴肌肉"仅仅是真正笑容的标志之一。与虚假笑容相比，这块肌肉在真正大笑的时候作用的时间要更短些。也就是说，持续时间较短的微笑很可能比长时间的微笑要来得真实。

艾克曼在研究过程中还发现，真正的笑会让人的心情更上一层楼。一旦有了快乐的情绪，我们就开怀大笑；一旦开怀大笑，我们就神采飞扬。其实，如果我们愿意，完全可以区分真实的笑与虚假的笑。确实如此！如果做不到，那只是我们不愿意而已。有这样一种假设认为，我们都希望收银台那里的女士乐于见到我们。我们希望，其他人在看到我们的时候露出笑容，而我们也将做出相同的回应。与其认为对方不喜欢我们，或认为对方对我们抱着无所谓的态度，我们更应该首先让自己的心里充满阳光。出于这一原因，我们也愿意面对并非发自内心的笑容。

另外，任何一种情绪通常都会在人的面部持续大约两秒钟。有时候，它也仅仅持续半秒钟或四秒钟。面部表情持续的时间越长，就说明它代表的情绪越强烈。如果某种表情闪电即逝，说明表情的主人试图掩饰自己的情绪，无论是有意为之，还是下意识的行为。原因就在于他努力控制自己的面部表情。如果面部表情持续时间较长，却又不是那么明显，通常也说明那人正试图控制自己的情绪。

单单看面部表情，我们无从知道产生这种表情的原因。我们只知道，这种表情的背后隐藏了哪一种情绪。我们永远无从得知，这种情绪来自何方，又如何被引发出来。无论我们是否情愿，我们的个人期望及信念都会起到影响的作用，会影响我们解读某种面部表情，也会影响我们做出某种面部表情。我们潜意识里必须一直保持清醒，虽然面部表情可以告诉我们对方正处于何种情绪，却根本无法说明这种情绪产生的客观原因。

事实战胜谎言

"他说，艺术家之所以说谎，是为了说出真相；而政客说谎，却是为了掩盖真相。"这句台词来自电影《V 字仇杀队》。一段时间以来，我在电视节目里见识了太多的说谎者；此外，我又为保罗·艾克曼《我知道你在说谎》一书捉刀前言部分，在其中写尽了最好的故事。因此，本章原本不在我的写作计划之内。直到有一天，我在"亚马逊"上逡巡，读到了关于艾克曼著作的评价。其中一位读者评价说，这部作品让人觉得拖沓冗长。最后他写道："最后一条建议，也许托尔斯丹·哈维纳应该一显身手，至少也应该出个简本。"好吧，我愿意。我在本章就满足他的要求。

如果想揭露谎言，就必须注意说谎者身上的许多特点。也请注意很危险的一点，我会重复自己说的话：最重要的一点，您必须观察到对方面部表情及身体姿态的变化，同时认清这些变化，并把它们牢牢记在心里。一般情况下，人们会通过身体语言及话语中强调的内容支持自己的言论。掌握这一点，将对观察者有所帮助。一旦强调的内容或身体姿态与言论不符，我们就可以认为，对方的话并非本意。我们处于一个被技术统治的世界，越来越难以仅通过声音识别强调的内容或面部表情。

技术，并非尽善尽美。也许我们意识到了这一点，才进一步寻求技术上的支持。在我看来，这会像病毒一样感染我们的文字——我指的是表情符号。这个概念由表情和图标两个词组成，作为一个象征，它可以明确文字作者的情绪和意图。让我们假设，有人通过短信给您发来一条冷幽默。发信人可能会想："好吧，也许收信人根本没能力看出来，我只不过是想开个玩笑而已——我还是赶快在最后加上冒号、破折号和括号吧。"几乎所有的移动电话都拥有同样的程序，它们能够识别这些字符串。一旦人们输入冒号和破折号，程序就会自行添加一个微笑的符号。如果谁觉得这些讨厌的符号不够用，还可以在这条路上走得更远。不满足的人可以在短信的末尾加上几个字母，它们在信息社会里自有其含义，代表特定的短语，例如，LOL 或——愚蠢透顶——ROFL。这些都是英语。想必不错。半数德国人并不清楚这些符号的含义，倒也没什么关系。而且也没什么值得遗憾，这些都属于生搬硬造。LOS 意味着"大声笑出来"，也可以解释为"我大声笑了出来"；ROTL 的意思是"笑得在地板上打滚"或"我笑得直捂肚子"。我们的语言到底怎么了？情况是我们使用另一种语言，却将自己的语言抛在脑后。不，应该说我们弄糟了另一门语言，却仅仅停留在一知半解的程度上。就这点来说，您尽管认为我落后守旧——事实确实如此。在数字技术世界，我也难逃同样的命运。顺便说一下，这句话并非我的原创。它来自汉克·墨迪，我最喜欢的作家之一。

有人一再问我是否有怪癖——这里就有一个：我害怕德语中出现英语词汇。Es gibt keinen Kaffee zum Mitnehmen mehr（对不起，没有外带的咖啡了）——这样说可惜已经过时了，只有 Coffee to go（外带咖啡）、Meetings（会议）、Wedding Planner（婚礼策划师）、Approaches（成就）、Manager（经理）、Awards（判决）、Background（背景）、Back-ups（备份）、Backstage（后台）、Basics（基本原理）、Benchmarks（基准）、Bikes（自行车）、Blackouts（灯火管制）、Bodyguards（保镖）、Bodylotions（润肤露）、Boots（皮靴）、Brainstormings（头脑风暴）、Breaks（运气不佳）、Business-to-Business（商家对商家）、Business-to-Consumer（商家对顾客）、Callcenter（呼叫中心）、Gecancelte Shows（取消演出）、Catering-Services（承办酒席服务）、Charts（航海图）、City-Center（市中心）、Check-ins（办理登记手续）、Xmas（圣诞节）、Coaches（教练）、Comedy（喜剧）等。在我看来，这些都是多余的外来词，我才数到 C 开头的单词。仅仅凭借外来词，我们就可以丰富一本书的内容。

有那么一刻，我们的德语中出现了所谓的英语词汇，英语中却找不到它们的踪迹，真是足够愚蠢。美国人和英国人都不懂 Handy（手机）的意思，Callboy 在英语和德语中的意思也不尽相同——在美国英语中，它的意思是页码，仅此而已（如果您不知道，Callboy 在德语中意味着什么，我只能恭喜您没有腐化堕落）。这种缺乏智慧的语言融合现象不仅会弄糟我们的语言——不止于此，事情还变得更糟，对于某些英语广告（对不起，"广告短语"）如"Come in and find out"（进来看看）、"Have a break, have a kitkat"（休息一下，来一块 kitkat 巧克力吧），大多数德国人都懵懵懂懂。"明镜周刊在线版"中有一篇文章，称在广告中使用英语是不明智的选择。

为了测试这些英语词汇对消费者的影响，人们组织了 24 个人参加测谎试验。播放德语及英语广告的同时，人们分别测定了试验人员的皮肤弹性。试验结论：与"Come in and find out"（进来看看）、"There's no better way to fly"（别无他求，我心飞翔）这样的英语广告相比，"Wohnst du noch, oder lebst du schon"（为了生活，还是享受生活）、"Ich liebe es"（我就是喜欢）拥有更好的效果。对于来自德国的试验参与者来说，英语广告词传入耳畔，感觉好像鸡蛋在煎锅上发出吱吱的声音。人们无法正确理解广告的内容，广告也就没有达到预期的效果。有人把"Come in and find out"直译为"Kommen Sie rein und finden Sie wieder raus"，这完全不合逻辑。

亲爱的读者，关于"德式英语"，我还想向大家介绍两个绝妙的例子。

首先说说新造词语"Public Viewing"。如果我们在一块公共场地与许多人一起观看足球比赛，为了描述这一事实，我们可能会觉得"Public Viewing"这个表达非常合适。"Public Viewing"在英国和美国的语言表达中非常接近，就好像舒马赫与下届世界冠军的距离。在美国，这个表达很接近我们所说的瞻仰遗容。如果您有英国商业伙伴来访，您问他晚上是否愿意一起 Public Viewing，他肯定会以为您家里有人不幸去世。他内心会很困惑，为什么您偏偏邀请他参加这种活动，而不会以为您邀请他一起看足球赛。

另外一个例子我也很喜欢，它来自我研讨会的参与者，讲述的是德国汉莎航空公司。数年之前，汉莎还给顾客提供可以密封的塑料袋，用来保存洗发香波、牙膏和其他液体。只有这样处理，才允许它们作为随身行李登机。想法很不错，可是人们忘记了一个细节：汉莎让人在密封袋上印了"Body bag"的字样——不管怎么说，人们怎么可以将液体物品装在随身行李中或随身携带登机。我却认为有一点很有问题，Body bag译为德语意思是"裹尸袋"。人们本来就恐惧飞行，却又在起飞前收到这样一个东西。

现在已经很难吃到正宗的德式早餐了，人们周日碰头的时候索性早午两餐合一。如果可以将 Breakfast 与 Lunch 合并起来，我们为什么还因循守旧呢？

作家汉克·莫迪并非真实人物——他是电视喜剧《加州靡情》的男主角。如果您确实在寻找一部非比寻常的剧目，就一定要看看《加州靡情》。该剧第一个场景就令人印象深刻——条件是您受得了低级笑话和激烈的交谈。莫迪是一位生活在洛杉矶的作家。他曾在广播采访中面对这样一个问题，什么会让他勃然大怒。他回答的大意是，人类变得越来越愚蠢，这让他简直要发狂。其实，这种感觉很正常，我们上点年纪的人早晚都会有同感。即便大文豪歌德，他也在自己那个时代表达过对年轻人的不满。

请注意：现在确实要跳出点低俗的话题——如果您无法接受，那么请跳过下一段莫迪说的话。

"您要知道，我们拥有了难以置信的先进技术——在此期间，电脑程序已经简化为向擦鞋机输入四位字母。网络应该给我们自由，也可以带来民主。但是它却不分昼夜地向我们灌输儿童色情文学。人们已经忘记写作，只是不停地发着博客。他们闭口不言，只是沉迷于博客里的文字。不再有标点符号，也荒废了语法。东一个 LOL，西一个 LMAO（Laughing My Ass of——我小心地将这个翻译为：我要笑翻了）。您要知道，我有这样一种感觉，好像一群蠢人和另外一群蠢人在用原始语言（假的）进行交流。他们说的更像是洞穴人的话，而不是现代人的语言。"好吧，莫迪的观点确实够极端——可是我认为，他从根本上说得有道理。

现在，让我们再回到说谎这个话题吧。我们许多人都忘记了一点，应该在别人说话的时候真正感觉对方。我们仅仅依靠一种非典型的感觉，我们称之为直觉。可是，我们生活的世界日益受到技术手段的影响，人们的直觉好似花朵般慢慢枯萎。

另外也请您注意一点，回避事实并不总是意味着说谎。有一种情况可能会发生，某人以为自己在说真话，而我们却认为他说得不合事实。原因在于，世界上并不仅仅有一种客观事实，有多少人，就有多少种客观事实。无论如何还是那句话："世界如你我想象。"

全德国每天都在感受着一个事实，请让我为您加以说明：进入丛林营地之前，杰·卡恩是否愿意与莎拉·科拿平克做一个秘密约定？好吧，埃及和突尼斯今日的局势彻底改变了世界，大多数德国人却还是沉迷于丛林营地。确实有点儿意思。不知什么时候，莎拉面对身边人及电视观众做了解释：杰——确实不是她篮里的菜——在制作节目前约她谈话，希望能与她做一个秘密约定。杰计划当着全世界的面在营地里做爱，以赢得更高的知名度。这番话激起了轩然大波。杰矢口否认，在我看来却是欲盖弥彰。按照杰的话来说，根本就没有秘密约定这回事，而莎拉的揭秘——请注意，漂亮的德语——纯属胡说（Bullshit）。

真的很遗憾，本章内容如此低俗。可是我也无能为力，我只是对别人说过的话加以引述。第二天，我办事处的电话就差点儿被打爆。各家私人电视台及众多马路杂志都想听听我的看法。到底谁说了谎？杰还是莎拉？我的观点：杰虽然没有说出真相，却也没有说谎。在他的脸上，人们可以看出明显的害怕与鄙视。不过，我们可不能再步奥赛罗的后尘。不能将对方眼睛里的恐惧解读为内疚，否则就会误以为对方在说谎。如果人们感觉自己受了冤屈，就会产生恐惧的感觉。奥赛罗的妻子就是个很好的例子。读读莎士比亚，我们就能知道奥赛罗式的错误。艾克曼也值得反复阅读。请让我来解开迷局吧：莎拉并没有说谎。杰虽然也没有说谎，可是他回避了事实。节目制作之前，他甚至确实与莎拉见了面，所以我们才能在他脸上看到惊讶。当然，如果确实有这样的约定，杰也会甘之如饴。这就是演艺界。所以，杰的脸上并没有悔恨或其他与谎言有关的表情。

谎言的信号在于，说谎者的言谈举止会突然以某种方式发生变化。比较有说服力的谎言信号是，对方会突然做出一个新的动作或手势。如果您的谈话伙伴突然以手掩嘴——或盖住嘴角——就清楚地表明对方在说谎。当然，这也可能表明他在释放怀疑的信号——或者忍不住马上要呕吐。为了确认对方是否确实在说谎，您必须找到其他信号，同时也要训练自己的直觉。总的来说，我们已经掌握了三个层面的内容，它们可以帮助我们揭穿谎言：

◆ 非言语交际，如手势、面部表情、话语内容。

◆ 对方使用哪些词语，具体内容是什么。

◆ 身体信号，如脉搏频率的改变或手掌出汗。

我们先来研究身体语言和表情吧。就其意义而言，我在这里介绍的信号都具有普遍性。也就是说，这些信号放诸四海而皆准。无论您是在非洲的马里，还是下奥地利的施迈尔茨，这些信号后面都隐藏着相同的情绪。此外，如果我们面临压力，很难做出不同于本书描写的反应。这也是原因之一，为什么扑克选手精益求精地研究这些信号。这些泄露天机的信号有自己的名字，来自扑克术语。人们称之为——德语中也是如此——Tell。同时，它也表示一种手势，暴露了我们不为人知的一面。我在本章花费了许多笔墨，把英语词汇翻译为德语，也将继续称 Tells 为手势。您应该了解，我所说的 Tell 到底是什么意思。随着不同的情景和上下文，这些手势当然会表示不同的含义。如果您很奇怪，为什么一个人在某种情况下会做出一定的面部表情，或做出特定的手势，再如果您不了解这些表情或手势的意思，我可以告诉您一个好办法。

您可以想象着自己做这些手势。感觉如何？如果面对着电视机，做起来还会更容易。如果电视节目里播放某种面部表情或手势，请您照做。注意力会促使精力作用在两个不同的方向，您的情绪不仅决定着自己的身体语言，还会起到相反的作用。您总有办法将它们转化成自己理解的内容。请不要低估了我在这里介绍的方法。它曾在舞台上给了我很大的帮助。

　　让我们假设下面一个场景：在与您谈话或倾听您的时候，谈话伙伴双手指尖对压，双手手指同时支出圆弧的形状。在这一刻，他很有可能正在思考您所说的内容，或者考虑自己该如何作答。这个手势也有个专门的名字：教堂塔楼。如果您希望给别人一种独立思考的感觉，就可以使用这个姿势，从而给别人留下印象。但是要小心：太过于自信反而会给人以傲慢的感觉。

　　下面这个情景经常发生在我们家中：我的儿子回到家里，胡乱在原地甩掉夹克和鞋子，然后就跑回自己的房间。每次我跟在他身后，客气地暗示他应该挂起自己的夹克，然后把鞋子放到更衣室，他都做同样的反应。他就那么看着我，好像我来自另一个世界，然后举起双手，将它们放在脑袋侧后的部位："为什么总是叫我干这干那！"同时，他将双手同时向前甩动，做出劈剁的动作。双手同时朝掌缘方向劈砍，甚至空手道大师也会因为自己能做出这个动作而骄傲。我儿子的动作铿锵有力，人们甚至以为他能劈开数厘米厚度的石板。如果他能将这股力气用在挂衣服或清理物品上面，什么都会尽如人意。可是，他就是喜欢用力大甩其手。这个手势也没有国界和种族之分。如果试图强调什么，每个人都会这么做。如果某人不够胸怀坦荡，他就用这样的手势支持自己荒诞的言论。只有我们信心十足，而且言之有物，通常才会出现双手下劈的动作。如果碰到什么低价商品，还是避免这么做吧。否则会让我们的心理无从遁形。

　　我们还喜欢另外一个动作，它也会帮助我们强调自己言论的真实性。如果我们非常想强调什么，就会在说话的时候有节奏地将一只手向下方甩动。通常，这只手都呈打开状，手掌心对着地面的方向。整个行为过程给人一种感觉，好像我们要劈向一张并不存在的桌面。这个动作非常有气势，好像我们将谈话伙伴用力下压，使其越来越渺小，而我们则变得越来越高大。这种情况下，对方心里不一定会产生好的感觉。

如果谈话伙伴为男性，则有必要观察对方的喉咙。听完别人的一句话——或在听的同时——如果对方咽喉部的肌肉做了向下吞咽的动作，这就是一个明确的信号，表明谈话内容给对方带来了压力、使其产生了恐惧心理或对方表明了拒绝的态度。例如，某人说"我很高兴见到你"——这句话之后是一个明显的吞咽动作，很可能对方并不是真的感到兴奋。

另外，我还要向各位介绍一下眨眼的动作。通常情况下，我们每二十秒眨一次眼。如果是一次普通对话，如果谈话伙伴和您息息相通，他眨眼的频率和您几乎相同。而且，就在您谈话间歇的时候，对方才眨眼。如果不是这样，可能就意味着，您的谈话伙伴正感到内疚、害怕或害羞——还有一种可能性，他的隐形眼镜可能脱落了。如果我们积极思考，例如为了想出一个谎言，眨眼的频率就会上升。同时，对方的眼神和目光方向也会随之变化。如果目光向下，也完全可以说明对方抱有负疚感。如果您目光炯炯地长时间盯着对方，对方也会把目光转移向下（我已经有言在先，您也需要建立自己的直觉）。对方也可能同样直视您的眼睛，以掩饰自己的负疚感。这就好像我们学生时代玩过的一个游戏，名字叫作"看谁坚持到最后"。

如果认真地看着对方的眼睛，对方内心很快就会产生压力感。如果您有孩子，可以在他们身上尝试这个办法。您可以对孩子说："我看得出，你到底有没有对我说真话。"然后，您就长时间地看着孩子的眼睛，同时一言不发。一旦脱离与孩子的目光交流，就会稍许减轻孩子内心的压力。如果谁想让自己显得有气势，就会让目光停留较长时间，明显长于那些低调的人。请注意，正是因为害怕压力，对方也会主动脱离与您的目光接触。他不想占您的上风，或者他也可能对您有好感。与长时间的目光接触相比，这种短时间目光接触的效果恰恰相反。

我通常都会在晚间节目中加入测谎试验。大多数情况下，那些说真话的人会在某一刻避开我的目光。对于他们来说，这种比赛坚持目光时间长短的游戏会在某一刻显得无聊。无论如何，他们说的是真话。而说谎者的表现则大不相同。说谎者总是能坚持目光交流到最后，他们会想："如果我现在转移目光，就说明我心虚。我可不能示弱，否则别人就会看出来是我在说谎。"您看，结果超出我们的想象。

我曾经为 RTL 电视台——文化专栏录制《特别专题》节目，节目中，我利用上文中的认识找出了说谎者。之后我问她，在她看来，我在她说谎的过程中都看出了什么。她说，很可能是她在说谎的时候转移了目光。事实上，她在说谎的时候目光异常坚定。如果回答的内容涉及事实真相，她就会苦苦思索该如何作答，目光就会指向不同的方向。

现在我们说说眼睛吧：许多记者读过我的第一部著作，后来他们就问我，如果某人在回答之前目光向上看，是否就说明他在说谎。他们认为，根据新语言学编程理论，目光向上说明对方在努力编织某种想法。这种想法太过于简单，往往会陷于谬误。事实并非如此。我们要关注的一点是，与其他言语内容相比——见上例——某个内容是否发生了变化，这种变化又是在什么时候发生的。

假设您向某人提出一个问题，对方在回答的时候，如果用摊开的手触碰自己的后脑部位，则明确表示对方心里忐忑不安。如果他的回答冠冕堂皇，而他又一再强调自己所说的内容，就说明某事正使他感觉不踏实。请不要忘记：优秀的心理研读大师都会使用这一手势，从而削弱强烈语言表达的语气。

除了后脑部位，人们也可能会触摸自己的耳朵、脖颈侧旁部位或脸颊。而女士们则通常会把手移向脖颈处，触摸这里或项链同样表明对方心虚。当事人的手会触摸自己的皮肤或握住某种物品，通过用力大小可以知道当事人负疚的程度或感觉到的压力。如果我们想给自己以安全感，就会特别频繁地触摸自己的身体。根据不同的情景，抓挠、摩擦、抚摸或揉捏双手及手腕分别会表示没有信心、恐惧、反感或自我保护。重要的是，一定要根据特定的场景加以分析。因为轻微地摩擦双手或手腕，同时配合以一种非常自信的表情，这种组合却往往表示相反的内容——有可能当事人很傲慢或有暴力倾向。好吧，如果您想与某人拉近距离，最好放弃使用这种手势。

触摸鼻子也表明放弃。这个手势总是与信心不足相联系。在接受关于"拉链门"质询时，比尔·克林顿总是触摸自己的鼻尖。基于以上分析，我们可以认为他内心极其不安。另外一个原因，他确实撒了谎。摸鼻子这个动作太过引人注目，克林顿的媒体顾问强烈建议他停止这个动作。原因很简单，民意测验的结果表明，他正是因为这个动作失去了选民的信任。

如果某人将某事视为秘密，他可能会抿紧双唇。这个动作可能不会很明显，几乎难以辨别。对方可能会吐露令我们不快的秘密，这之前或之后就会做出抿紧双唇的动作。

触碰双唇——用手指或物品——可以表示一系列情绪。为了清楚地解释这些情绪，您也应该注意其他信号。这些信号可以表示内心不安、压力、恐惧或沉思。触摸双唇这个动作也很接近吮吸大拇指——这是一个自我安慰的动作。如果您正和某人交谈，他突然触摸自己的双唇，这就很可能是一个信号，说明他保留自己的观点。如果是与对方眉目传情，触碰双唇——更诱人的表现是用舌尖舔嘴唇——则表明人们愿意与对方交往。

迄今为止，我们只研究了说谎同时的情绪过程。谎言的背后通常隐藏了恐惧或激动之类的情绪，也有可能隐藏了几种情绪的集合体。也许说谎者会因为说谎而内疚。说谎者可能会担心自己行为的后果，特别是关系到他自己利益的时候。还有一种可能性，说谎者知道，房间里所有人都清楚事实真相，会在他身后尽情嘲笑这蹩脚的谎言。在这种情况下，说谎者通常不会隐藏恐惧，而是隐藏激动的情绪或不让自己露出笑容。

除了情绪方面，我们还应该注意说谎者的言语过程。说谎是一件非常复杂的任务，会让人感觉吃力。所以，说谎却又让人不加怀疑，是很难的一件事情，特别是我们被别人一再追问的时候。如果质问者的问题出人意料，我们就会很容易暴露自己的情绪。一旦开始说谎，我们就必须按照逻辑快速思考。我们也很有可能随之改变自己的行为。这些改变就是关键之处，它们可以很好地给我们以暗示。

另外，这里向您介绍一个我最喜欢的方法，它可以帮助我们尽快识破谎言。请您耐心地从头至尾听一个故事，洗耳恭听吧。对方说得越多，对您就越有利。如果对方结束了叙述，您可以请对方按相反的顺序重新叙述一遍，也就是倒叙。如果对方说谎，倒叙的内容应该不合乎逻辑；如果对方没有说谎，逻辑性应该不成问题。除非对方是谎言大师。这种识别谎言的方法确实很有效。如果我们自己在编织谎言，我们的思绪会非常忙乱，通常不会注意谎言中各个事件的先后顺序。所以，如果确实是谎言，我们通常不可能将其反过来加以叙述。

还有值得注意的方面是控制谎言的过程。虽然我们内心惶恐不安，却努力尝试着控制自己的行为，使自己看起来道貌岸然。这种惶恐不安通常闪电般即现即逝，却可以被目光锐利的观察者抓住。说谎者不由自主地试图控制场面，却正好给人以紧张不安的感觉。

有一点无论如何强调都不过分：开始在对方身上寻找谎言符号之前，您必须清楚对方平时的做派。人们称这种办法为标定。您可以与对方谈论寻常的事物，谈论一些对您来说无关紧要的内容。谈论的同时您就可以注意观察，确定是否有所发现。他坐在椅子上前后摇晃吗？他在摆弄自己的手或戒指吗？如果他突然停止这些动作，就意味着有什么不正常。现在，您已经了解了对方的基本情况，有了识别对方各种变化的基础。请不要在对方身上寻找特定的信号，而是注意他的整体表现。一旦您开始只关心对方的具体姿势，就会陷入迷局。您会太过于专注细节，而有可能忽视其他——也许是很重要的——瞬间即逝的信号。因为苦苦追寻，您反而会错过。请不要忘记：精力会随着注意力而转移。正是您自己的态度决定了对方的表现，决定了对方如何或根本不表现出焦躁。这里也需要第六感。如果您自己表现得很不正常，对方也会有同样的表现。并非因为对方在说谎，而是您少见的行为影响了对方的行为方式。

骗过测谎器

在犯罪心理测试中——经常被错误地称为谎言测试——揭穿谎言的过程与上文并无任何出入。首先，还是应该对测谎对象提一般性的问题，也就是进行所谓的标定。提问题的同时，要测量测谎对象的肌肉弹性、呼吸频率、呼吸深度与脉搏。测谎仪并不十分可靠，德国禁止在法庭上使用这种仪器，十分正确。在美国，曾经有过错误的测谎分析结果，所以已经杜绝了测谎仪的存在。有一些罪犯最后得以逍遥法外，因为他们成功地骗过了测谎仪器。我曾经参与录制《伽利略》节目，亲眼目睹了测谎仪被骗的过程。

通过控制身体上的肌肉，人们就可以骗过测谎仪。如果您正在说真话，就要绷紧肌肉；如果您正在说谎，就请放松肌肉。就这么简单。测谎过程中，研究人员朝测谎对象的枕骨下塞了一个软枕，以监控测谎对象的肌肉活动情况。是的，确实有这样一种东西。有了它，测谎对象就不方便在回答问题时向后用力。

可是，在《伽利略》的摄制过程中，一名女子却做出了更聪明的举动。每次必须说真话的时候，她都强迫自己想象不舒服的画面。她想象自己正坐在烈火熊熊的房子里或遭遇了车祸。每次说谎的时候，她都让自己想象美好的事物：假期中到海滩度假或一次美好的性爱。她想象的程度越强烈，对于研究人员来说，就越难以评估测谎仪器显示的结果。

此外，几次测谎试验也告诉我们，操控测谎仪器的人千万不能先入为主，不能在测谎过程中夹杂任何个人偏见，否则就不能正确评估各种指标。一旦研究人员有了个人偏见，结果就会有失偏颇，试验也就失去了客观性。关于这一点，达伦·布朗在《心灵诡计》中举了一个非常恰当的例子。在一次测谎过程中，科学家们让四位"测谎专家"各自对某一个怀疑对象提出问题，这些专家都可以在试验过程中使用测谎仪。科学家们应该通过试验确定，四个被询问的职员当中到底是谁偷拿了摄像机。可是，每一位专家都被事先告知，四个职员中哪一个特别可疑。每一位专家都被告知了不同的名字。研究人员试图通过试验确定，提前告知是否会影响测谎结果。实际上，并没有人真正偷拿摄像机，四个被询问的人说的也都是真话。尽管如此，讯问过程结束后，每一位专家心目中都有了"怀疑对象"。

毕竟，测谎仪仅仅是一台机器，它不可能识别谎言，而只是能够记录下呼吸、脉搏及皮肤弹性的变化。试验过程后，自然会有专家来分析各种指标。也就是说，测谎仪的作用并不强于试验结果分析人员。经过大量练习，一个人可以胜任试验结果的评估工作。但是，分析过程中还是要小心行事。一旦观察人员有了先入为主的想法，或带着压力工作，或忽视了某一个信号，试验也不会取得成功。这也是原因之一，为什么我总是从娱乐的角度出发来进行测谎试验。现实生活中，我们每个人都会犯错。

通过多个试验，保罗·艾克曼告诉人们，参与过他主持的特殊训练之后——他称这种训练为 FACS 训练，即面部表情编码训练——人们能够揭穿 80% 的谎言。这已经可以算得上是很高的比率。换一种说法：即使我们如今有了技术手段，却仍然无法揭穿另外 20% 的谎言。如果某人将谎言编织得足够完美，很可能就无法识破。如果他一再重复自己编造的故事，很可能自己都不再怀疑故事的真伪。有的说谎者甚至极具天赋，精于说谎之道。最后，世界上还会有心理极其变态的人，甚至艾克曼也只能咬牙切齿。对于这种人，任何测谎仪都无能为力。

谎言来自何处

人们不仅应该认真地观察，还必须仔细倾听。这里举出几点，请您务必注意：

◆ 音高。一旦我们感觉有压力，就会加快语速，并提高声调。如果某人提高声调说话，甚至盖过了正在说话的人，则表明他真正有兴趣参与。另外，一个人的音调也会参考最高者。如果一群人以女性为主导，男人就应该稍微提高自己的声调，以便表现出亲和力，从而更好地融入这个群体。

在美国王牌主持人拉里·金身上，人们也能找到努力向他人靠拢的痕迹。如果主持的节目中有名人大腕——如美国总统或米克·贾格尔之类的世界巨星——拉里·金就会让自己的身体语言及音调更接近他们。

如果拉里·金的社会地位高于受访者，他们就会不由自主地改变自己的音调与身体语言。他们确实这样做了。这不就很说明问题吗？

◆ 少一些细节。在说谎的时候，人们尽量不表现得很俗套。虽然在描述事物，人们却不倾向于过多描述细节。细节问题往往被忽略，或描述得尽量简短。如果您向一位说谎者问及细节问题，他将仅仅重复之前向您说过的内容，最多稍加修饰。这一点很像我最小的女儿。她有时候会在玩耍的时候尿裤子，我发现后对她说："你的裤子都湿了，是不小心尿到里面了吗？"她的回答简短有力："不是我干的，是奶奶。"我为这种回答深感不安。说这话的时候，她还不到两岁，却已经开始说谎，而且眼睛一眨也不眨。如果她说得确实很有逻辑，我甚至可能真的会怀疑奶奶……我很担心，以后我会深受其害。

◆ 自尊感。说谎的时候，人们较少用到第一人称。也就是说，说谎者较少用到如 ich、mein，mich 之类的代词。人们更多地使用无人称短语或泛指，如"正如人们所知""大家""没有人"和"一直"等。通过使用这些代词，无形中就使说谎者与自己编造的故事拉开了距离。

◆ 速度。说谎者必须不停地思考，还要记住很多东西。所以，说谎者的语速通常慢于平时。原因在于，说谎者只能在同一时间内理清一个思路。出于这一原因，他比平时更多地赌咒发誓，说话的方式看上去也义正词严。有时候，例如，唉或哼之类的口头语也会明显增多。

这里向读者介绍的各个指标都只是些辅助手段。人们必须考虑到：精于此道的说谎者也许根本不会改变自己的行为举止，或者说很少改变。不同的人也会编织不同的谎言。世界上当然没有百分之百可靠的信号，能够帮助我们识别谎言。与大学生相比，甚至审讯专家也不能更好地揭破谎言。如果说谎者狡猾又久经考验，专业人员也束手无策。大多数情况下，他们还不如扔硬币猜结果。结果是一半对一半，不会更好！

　　尽管如此，练习揭穿谎言还是会给人带来乐趣，并能帮助提高人的认识。如果不能马上成功，请别灰心丧气。万事开头难嘛。一旦您肯定对方的行为举止有了明显的改变，您就可以尝试以下策略：切换谈话主题，和对方说说无关紧要的事。请留心观察，现在是否还能看到对方不寻常的改变。接下来，请您突然回到之前的话题，看看是否又能发现不一般的情况。对方不一定会重复之前的异常举动。重要的是，您是否观察到对方有了异于平时的举止。通过这种方法您就可以知道，实际观察到的身体信号是否确实属于行为举止上的变化，或者这种身体信号只是对外界刺激的正常反应。久坐之后人可能感觉不舒服、室内温度有了变化——这些都可能导致对方做出反应。

　　最后，我想与读者分享个人最喜爱的方法，这个方法在我的孩子们身上收到了奇效。几年之前，我曾告诉我的大女儿，我从她的脸上——也可以从她妹妹的脸上——看出，她是不是在对我说谎。这真的不是说谎，大多数情况下，我都能马上看出来。大女儿很好奇，就问我，我到底从哪里看出来的。我就对她说了谎："从你的鼻尖看出来的。每次你对我说谎，你的鼻尖都会变白。"这种说法对我的孩子们有魔法般的力量。每次说谎的时候，她们都不由自主地捂住自己的鼻子，而为了证明自己没有说谎，她们会强调说："真的。你看，我的鼻子变白了吗？"

太神奇了。

硬币在哪里？

了解本节内容后，您可以使身边的人陷入疯狂。本节主要告诉大家，您如何能够一再猜出硬币藏在对方哪只手中。

为了做到这一点，我可以告诉大家两个方法。第一个方法不是百分之百可靠，但是只要这个方法还奏效，您就可以一再验证其功效。第二个方法您不可以经常重复使用，但是却几乎百分之百可靠。

◆ 第一个方法：请您的搭档将一只手藏在背后，手里握一枚硬币。搭档应该清楚，您在此需要他的配合，不可以悄悄地在背后将硬币藏到裤袋里。请您相信我，如果您不有言在先，这种意外就会一再发生。无论如何，搭档不能向您透露哪只手里藏着硬币。最后，他应该将双手握拳，伸到身体前面。

即使只能靠运气来猜，您也一直会有 50% 的机会。可是，我们并不能完全只依靠概率。我们不愿意猜测硬币藏在哪只手里。我们希望确切地知道这一点。为了做到这一点，请您不要——正与人们想象的相反——直视对方的目光，而是看着对方的鼻尖！无论对方目光指向何处，他的鼻尖却几乎一直对着有硬币的那只手。我确信原因只有一点，我们会在下意识中想看那只"尴尬"的手，却不愿意自己的目光泄露天机。我们的脸部——当然也有我们的鼻子——通常就会指向不该指的地方。而您的搭档并不知道自己无意中犯的错误，所以，您可以一再利用这个特点，明显非常奏效。

◆ 第二个方法：如果第一种方法不是特别奏效，我还可以向您推荐一种非常可靠的方法。请您再次将一枚硬币交给搭档，然后对他说，您将马上背转过去。一旦您背转身站定，搭档再决定自己应该将硬币藏在哪只手中。做出决定之后，他应该用这只手摸自己的前额，同时用心想着这只手及手中的硬币。大约 10 秒钟认真思考之后，他应该将双手伸到身前，然后表示您可以转过身来。转过身之后，您看到眼前的这个人，他双臂向身前伸出。现在，您可以反复地、几乎百分之百肯定地告诉对方，您已经知道硬币到底在哪只手中了。说这番话的同时，您一定要注意对方的双手手背。如果对方确实曾将一只手放在前额 10 秒钟，这只手就应该处于缺血状态并发白，换句话说，它不会那么有血色。与另一只始终低垂的手相比，这只手的静脉看起来不那么明显。

本节内容有一个好处，确实可以通过某些信号帮您分析出硬币的位置。与观众的想法不同，确实有那么一些特征非常重要。介绍这个方法的时候，我应用了一些方法，这些方法在解读面部表情及揭穿谎言两部分里都有介绍，如：您应用心观察；您应该通过观察来校准对方手掌的最初状态；您应该全神贯注于对方的表现。

另外，还有一个自然条件会影响本节中介绍的方法：严寒。数年之前，我与英古·诺姆森一道为德国电视二台拍摄了一期节目。在这一系列节目中，我应该首先找到一枚大头针，它就藏在慕尼黑的植物园里。找到大头针之后，我应该教给节目主持人一个方法，他希望以后自己也能用这个方法获得成功。我当时决定传授的就是刚刚向大家介绍的方法。出乎我意料的是：当时正值隆冬。几乎所有的人都戴着手套，要么双手就冻得通红。所以，这个方法当时完全失效了。

话语的魔力

　　"正是出于……状态下的词语——或：为什么偏偏是词语。"这句话听起来很奇怪，到底它想表达什么意思呢？很简单，对我来说，它在这里意味着向您揭示一个奥妙：我们如何通过重新组织语言来改变词语的意义。这种办法让我们看问题突然有了新的视角。但这种办法并不会改变原文的意义，而只是象征完全不同的内容。我现在正在做这样的工作。正是通过转换视角，我才过渡到"话语的魔力"这一章。不能在这个标题中插入新的字母，也不能移走任何一个。一个小小的变化就足以改变原意：世界正如你我想象。

　　语言能够创造意识，语言是我们思想的外衣，它最终创造了我们人类。这一认识早已为我们熟知。乔治·奥威尔著有《1984》一书，作品中的国家机构规定了一种官方语言。作品中的国家才能够决定人们的思想。这种模式属于精英创造语言，而且以某种方式到处可见。我们熟知的概念包括"有移民背景的人""接受培训者"和"有色人种"等，它们都属于精英创造语言模式。

　　语言使人产生自我意识，并使人产生个人观点。各个国家所做的民意调查都清楚地表明了这一点。一次调查中，人们要求参与调查的市民描述一张桌子的特性。其实，并非要求人们描述实际的桌子，而只是描述桌子这种物品。调查结果令人瞠目结舌：如果某群人的语言中桌子为阳性——就好像我们德国人——这群人就会主要赋予桌子以男性特征，如"结实"。而法国人更倾向于将桌子与女性特征相联系，这也是因为词性的关系。

　　我本人学过语言，语言就是我谋生的手段，我靠语言来娱乐并激励他人，这一点对我来说很重要。利用语言手段成功转换他人的视角，我觉得很有成就感。

　　利用语言手段，人们也能够成功辨别事物的真正价值。

　　有一个故事能很好地说明这个道理。故事内容如下：在一个偏僻的海岛上，一名小学生正专心地听女教师讲话，老师讲道："有时候，我们会互赠礼物，它会使我们想起别人的爱心。人们正是用礼物表示好感。"第二天，学生就送了女教师一只特别漂亮的贝壳。女教师从来没有见过比这贝壳更好看的东西，她问道："你从哪里得到这只漂亮而又珍贵的贝壳呢？"学生回答说，在海岛的另一面有一个地方，人们只有在那里才会偶尔有所发现。这个世外桃源般的小海湾据说距离20千米之遥。女教师说："这只贝壳简直太美了，我要永远保留它，永远不会忘记你。可是，你本不应该跑那么远，仅仅是因为想送我件礼物。"学生眼睛里闪现着一种神采："这段距离其实也是礼物的一部分。"

　　这个故事出自一位无名作者,但难道不是特别打动人吗?有一次,我在研讨会上讲了这个故事,一位与会者就说:"你在生活中得到了什么,却也为之付出了代价,二者都同样有价值。"确实如此。我们高中毕业的时候会收到钟表作为纪念礼,与我们以后的经济能力相比,这只钟表虽然相形见绌,却在价值意义上更胜一筹。

精彩的视角转换

　　如果我晚上进到浴室,看到乱七八糟的洗脸盆,里面还有残余的牙膏,另外,镜子也抹得像个大花脸——有那么一段时间,每天晚上都是如此——我就有可能会感觉不爽。今天非比以往了。虽然浴室里依旧不那么光彩夺目,我却早已没有了怨气。今天,我会有不同以往的想法:"太酷了,孩子们自己能记着刷牙了。"一旦抱着这种想法,我的生活马上舒心了许多。换一种想法就会帮助您改善处境,您在生活中也有这样的例子吗?只有在很少的情况下,坚持自己看问题的视角才是正确的。当然,条件是人们对生活心满意足,感觉幸福快乐。不过,即使万事顺意,人们也要认识到各种可能性……

　　再举个例子。一位经理休假中去钓鱼,来到面积宽大的湖水旁。湖边有一位印第安人在垂钓。经理问道:"你在做什么呢?"印第安人回答说:"你看,我在钓鱼。""如果你用两根钓竿,就能钓到更多的鱼。""我为什么要钓到更多的鱼呢?""那样的话,你就会有更多的钱,可以买一艘船。""然后呢？""然后你就可以雇一个人帮你，你就会赚到更多的钱。""再然后呢？""然后你就可能在什么时候开家鱼类加工厂，日进斗金。"——"我为什么要做这些呢？"——"最后，你就可以一边悠闲地看着湖面的风景，一边钓鱼了。"——印第安纳人笑了："可是，我现在不正在这样做吗？"

结束语

在这本书中，我们了解了许多影响他人心理的方法。与许多事情一样，重要的是人们能够从中总结经验教训。当然，为了自己的利益，您完全可以通过这些方法影响他人。如果真的是这样，本书就会偏离最初的写作目的，我并不希望大家用这些方法为自己谋利。

有人在日常生活中将操控心灵作为一种武器，就在这一刻，我个人觉得它令人作呕。从这一刻起，我们就自甘堕落，沦为"心灵大师"级别的商人、咖啡推销员与自诩的妙手神医。如何利用我在本书中介绍的方法，将完全取决于您自己。屡次报告的过程中——也包括写这本书的过程中——我重新认识到一点：无论是私人生活，还是商业领域，我们接触到的不仅仅是影响手段本身。我们同时也会产生信任、好奇、激情和亲近等感觉。每次看到幸福微笑的孩子，我们都会有这样的感觉，他们让我们的心灵翩翩起舞。无论如何，我们不应感到恐惧！

我深信——这完全属于我的个人看法——所有控制狂的举动都源于这种恐惧。他们不放心自己的力量。如果控制他人的目的落空，他们担心自己反而会受到伤害。如果一个这样的人接近了自己的目标，只能说他的目的没有落空，却远远不能说他获得了成功。在这一刻，他还不具备一种基本的东西：满足感。如果所有的力量都完全发自内心，没有满足感，就谈不上成功。

面对这些影响心灵的方法，我们该如何应对，才能不使这些方法成为针对我们的利器呢？我经常面临这一问题。好吧，首先，我们要知道有哪些影响心灵的手段，人们又如何应用这些方法。只有具备了这种认识，您才能自由决定，自己是否愿意接受对方的影响。另外一个基本因素就是力量——它总是发源于人的内心世界！

只有您自己才能塑造自己的个人经历。我祝自己，也祝福您，亲爱的读者们，通过眼前的这本书，我们能够更加接近自己的目标。

我们内心有深深的恐惧，并非因为我们不够优秀。

我们内心有深深的恐惧，因为我们太过于强势。

我们身上的光芒，而非我们的不足，最能使我们感到恐惧。

贬低自己，对整个世界并无任何好处。

为了不使身边的人感觉不自信，您贬低自己，这其实并没有给人以启迪。

我们的使命就是光彩夺目地生活，就像孩子们一样。

这并不仅仅存在于几个人的内心，而是存在于每个人心中。如果我们让自己发光发热，我们就无意识中给了别人以鼓励，促使他们也去展现自我。

如果我们成功地摆脱了恐惧，我们的存在就自行帮助了他人。

（摘自：《发现真爱：关于玛丽安娜·威廉森"奇迹课程"主要精神的反思》）

鸣谢

感谢卡洛塔、文森特和玛丽安娜，他们每天都告诉我，触摸心灵是多么美好的事情。

感谢克里斯蒂娜，你与我相伴 16 年，养育了 3 个孩子，陪我度过了人生中最美好的时刻。你从不许诺，却事事让人安心。

感谢母亲，感谢她时时刻刻的关爱，也感谢父亲给予的激励。

感谢乌尔莱克·迈泽尔的美文，感谢芭芭拉·劳克维茨的好点子，也感谢她善于倾听。

感谢马克·施托克尔、本德·克莱格、贝普·柏迪昂的大力支持；感谢比茨女士、赫尔姆特·狄思乐、罗孚·施泰因豪泽、克里斯托弗·舒尔特海斯的关怀；感谢迪克·埃克特、托纳·施塔迈尔的信任，文字与系列片；感谢迪尔·郝恩德富有建设性的置疑，使我能够更好地为别人带来快乐。

感谢马茨·菲舍迪克、米歇尔·罗西、哈罗特及安格丽卡·沃伊特——感谢他们提供的美食；感谢文森特·蔡斯的鼓励；感谢马库斯·贝帝西、杰里·赛因菲特、纽约的因特沃恩一家、萨托利及马库斯·灵森；特别感谢安德烈斯·杜斯特维茨提供的故事内容。

最后，感谢所有的读者与观众。没有你们，就不会有我连续不断的创作与电视节目。

参考文献

书目

Benesch, Hellmuth/Schmand, Walther(1981):《影响他人心理及如何摆脱
　　影响》, 法兰克福

Bornhäußer, Andreas(2001):《展示营销, 高级销售艺术》, 贝格海姆

Brown, Derren(2007):《心灵诡计》, 伦敦

Cialdini, Robert B.(1997):《影响力心理学》, 伯尔尼

Ekman, Paul(2004):《读懂思想: 如何识别解读情绪》, 海德堡

Gottman, John M.(2002):《幸福婚姻的七个秘密》, 柏林

Greece, Robert(2006):《力量: 权力的 48 条法则》, 慕尼黑

Pink, Daniel H.(2010):《一路向前, 真正打动您的心扉》, 萨尔茨堡

Stanley Milgram(1974):《服从权威, 从试验的角度来看问题》, 纽约

Sheehy, Gail(1977):《人生驿站, 成人生活可预见的危机》, 纽约

Tepperwein, Kurt(1985):《高级催眠术》, 慕尼黑

Watzlawick Paul/Beavin, Janet H./Jackson, Don D.:《人性意义上的交际
　　——形式、障碍、矛盾》, 伯尔尼

Wiseman, Richard(2008):《荒诞心理学: 科学地研究日常生活》, 法兰克福

Williamson, Marianne(1992):《发现真爱: 关于玛丽安娜·威廉森"奇迹
　　课程"主要精神的反思》, 纽约

研究内容

Forer, Bertram R.(1949):《巴纳姆效应：全班上当受骗》，摘自：*变态心理学和社会心理学期刊*，44（1），118-123

Hartmann, A. Arthur/Nicolay, Robert C./Hurley, Jesse(1968):《作为社会沟通因素的人名》，摘自：*社会心理学期刊*，75,107-110

Knouse, Stephen B.(1983):《推荐信：关于特点与偏好的信息》，摘自：*个人心理学*，36（2），331-341

Kunz, P.R./Woolcott, M.(1976):《来自季节的问候：由我及你》，摘自：*社会科学研究*，5（3），269-278

Libet, Benjamin(1999):《真的主动需要吗？》，摘自：*观念研究期刊*，6（8-9），47-57

Moritary, Thomas(1975):《犯罪、收监与兔死狐悲》，摘自：*个人与社会心理学*，31（2），370-376

Niederhoffer, Kate G./Pennebaker, James W.(2002):《语言学风格与社会行为的匹配》，摘自：*语言与社会心理学期刊*，21（4），337-360

O'Conner, Robert D.(1972):《造型的相关效应，社会修正行为的产生及其过程》，摘自：*变态心理学期刊*，79，327-334

Stewart, John E. II(1980):《被告人的魅力作为影响审判结果的因素》，摘自：*应用社会心理学*，10（4），361-384

Strohmetz, David B./Rind, Bruce/Fisher, Reed/Lynn, Michael(2002):《口

蜜腹剑：增加甜味，换取小费》，摘自：*应用心理学期刊*，32（2），
300-309

Warriner, K./Goyder, J./Gjertsen, H./Horner, P./McSpurren, K.(1996):《慈
善,不;抽奖,不;入袋为安,好的》,摘自:*公共观点季刊*,60,542-562

Wilson, Raul R.(1968):《身处高位会产生心理扭曲及其社会地位象征功
能》，摘自：*社会心理学期刊*，74（1），92-102

链接

色彩（2011）：

http://www.bunte.de/lifestyle/fashion/michelle-obama-ihr-kleid/ist-v
cn-hundm_aid_22908.html

世界报（2010）：

http://www.welt.de/die-welt/wissen/article10103151/Glueckliche-Mensh
cen-sprechen-die-gleiche-Sprache.html

世界报（2011）：

http://www.welt.de/print/welt_kompakt/print_wissen/article12149167/W
issen-Kompakt.html

新苏黎世报（2009）：

http://www.nzzfolio.ch/www/d80bd71b-b264-4db4-afd0-277884b93470/
showarticle/4811c806-398b-43cb-9ebb-a9164462e76d.aspx

明镜周刊在线（2004）：

http://www.spiegel.de/unispiegel/wunderbar/0,1518,310548,00.html

南德意志报（2007a）：

http://jetzt.sueddeutsche.de/texte/anzeigen/356994

南德意志报（2007b）：

http://www/sueddeutsche.de/leben/vornamen-und-vorurteile-dirk-und
　　-birgit-sind-doof-1.250906

南德意志报（2009）：

http://www/sueddeutsche.de/kultur/videokolumne-speak-schneiderin-t
　　eufelins-kueche-1.456064

歌曲

恩诺·邦杰（2010）：多用一点心，汉堡

读者反馈卡

尊敬的读者：

　　非常感谢您购买本书。为能继续提供更符合您要求的优质图书，恳请不吝赐教。抽出点滴时间填写以下调查表，并尽量以电子邮件形式寄回我公司（直接注明书名、问题序号和选项对应的字母即可），您将自动成为我公司读书会会员，可长期以非常优惠的价格购买本公司其他书籍，免费邮寄，并可定期获赠精美礼品。

北京博闻春秋图书有限责任公司

电子邮箱： bwcq@163.com
通讯地址： 北京市复兴路甲 38 号嘉德公寓 722 室
邮政编码： 100039
公司博客： http://blog.sina.com.cn/bwcq
官方微博： http://weibo.com/bowenchunqiu

1. 您了解《思维的秘诀：如何规避陷阱，从容掌控生活》是通过
　 A 书店　　B 网络　　C 熟人推荐　　D 报刊
2. 您购得本书是在
　 A 新华书店　　B 书城　　C 民营书店　　D 书摊
　 E 网络　　F 超市　　G 其他＿＿＿＿＿
3. 您目前的职业是
　 A 公司职员　　B 个体经营者　　C 公务员　　D 学生
　 E 农民　　F 自由职业者　　G 其他＿＿＿＿＿
4. 您决定购买一本书的因素包括
　 A 内容　　B 封面　　C 书名　　D 朋友推荐
　 E 媒体推荐　　F 作者　　G 其他＿＿＿＿＿
5. 您决定购买本书是因为
　 A 对题材感兴趣　　B 送给朋友　　C 偶然购买
　 D 为了收藏　　E 朋友推荐　　F 其他＿＿＿＿＿

6. 您购买图书最感兴趣的是
   A 写作风格   B 封面包装   C 作者观点   D 作者声望
   E 媒体推荐   F 书籍内容   G 其他_____
7. 您会购买同一系列中的其他图书吗？
   A 会   B 不会   C 偶尔会   D 看看再决定
   E 其他_____
8. 了解本书之后，您对本公司的其他图书有购买可能吗？
   A 会   B 不会   C 偶尔会   D 看看再决定
   E 其他_____
9. 平常读书时，从行文风格上说，您更喜欢
   A 严肃深刻   B 轻松幽默   C 故事性强   D 史料性强
   E 文学性强   F 图文并茂   G 系统性强   H 通俗易懂
   I 观点独特   J 其他_____
10. 您觉得本书的优点有（可多选）
    A 文笔好   B 选题好   C 封面漂亮   D 排版舒服
    E 价格合理   F 手感好   G 其他_____
11. 您觉得本书有何不足之处，您有何意见和建议？

   _____

   _____

12. 有没有您想读但市面上却没有的书？请谈谈您的设想。

   _____

   _____

您的姓名_____ 性别_____ 年龄_____ 职业_____
邮政地址_____
邮政编码_____
E-MAIL_____
MSN 或 QQ_____